模具概论

赵 燕 赵俊杰 主编

中国财富出版社有限公司

图书在版编目（CIP）数据

模具概论／赵燕，赵俊杰主编． -- 北京：中国财富出版社有限公司，2024.11.
ISBN 978 - 7 - 5047 - 8302 - 8

Ⅰ . TG76

中国国家版本馆 CIP 数据核字第 2024G8Z432 号

策划编辑 王桂敏		**责任编辑** 郭逸亭		**版权编辑** 武　玥	
责任印制 尚立业		**责任校对** 卓闪闪		**责任发行** 敬　东	

出版发行	中国财富出版社有限公司		
社　　址	北京市丰台区南四环西路 188 号 5 区 20 楼	**邮政编码**	100070
电　　话	010 - 52227588 转 2098（发行部）	010 - 52227588 转 321（总编室）	
	010 - 52227566（24 小时读者服务）	010 - 52227588 转 305（质检部）	
网　　址	http://www.cfpress.com.cn	**排　　版**	宝蕾元
经　　销	新华书店	**印　　刷**	北京九州迅驰传媒文化有限公司
书　　号	ISBN 978 - 7 - 5047 - 8302 - 8/TG · 0002		
开　　本	787mm×1092mm　1/16	**版　　次**	2025 年 7 月第 1 版
印　　张	12	**印　　次**	2025 年 7 月第 1 次印刷
字　　数	256 千字	**定　　价**	32.00 元

前　言

　　"模具概论"课程是模具专业的核心技术专业课，是一门理论与实践相结合的应用学科。主要让学生认识、掌握冲压模具、塑料模具的基本结构及基础理论知识，熟悉冲压、塑料生产的流程及常用设备，能看懂一般的模具结构图，认识模具零件先进的加工制造工艺及流程，具备从事模具工作所必需的基础知识和基本职业技能。

　　党的二十大把立德树人作为教育工作的根本任务，把科教兴国战略与可持续发展战略作为国民经济和社会发展的重要方针。模具被称为"工业之母"，是衡量一个国家工业现代化水平的重要标志之一。本书的编写以就业、实用为导向，体现能力本位；采用以任务为主体的编写体例，突出任务教学的特点；引入了企业模具设计与制造过程中的典型生产案例，总结了近年来国内模具专业职业教育教学经验。

　　本书包含 4 个模块，17 个单元。模块一包含 5 个单元，主要介绍冲压模具的基础模具结构和理论知识；模块二包含 5 个单元，主要介绍塑料模具的基础模具结构和理论知识；模块三包含 5 个单元，主要介绍冲压模具零件、塑料模具零件的先进加工制造技术及加工过程；模块四包含 2 个单元，主要介绍冲压模具和塑料模具的装配技术。

　　本书主编是赵燕、赵俊杰，副主编是闫志彩、张建、王栋。具体分工如下：模块一、模块四由山东省轻工工程学校赵燕编写；模块二由山东省轻工工程学校赵俊杰编写；模块三由青岛工贸职业学校闫志彩、青岛三聚隆精密工业有限公司王栋编写。参与本书编写指导的有青岛职业技术学院赵水、青岛西海岸新区高级职业技术学校李泽敬、山东省轻工工程学校王振星、东营市化工学校张建、晋江安海职业中专学校许思扬、余姚市职业技术学校孙动策。由于能力和水平有限，书中难免存在不足之处，恳请广大读者予以批评指正。

目　录

模块一　冲压模具

随着科学技术和工业生产技术的不断进步和迅速发展，我国模具工业发展迅速，近年来一直保持良好的发展态势。目前，国内约有 2.5 万个模具制造厂，从事模具产业的人数达 160 多万人，我国模具工业的规模和技术水平得到了长足发展。

在全世界的钢材中，板材占 60%~70%，其中大部分是冲压产品。冲压工艺是一个历史悠久的传统工艺，大多数薄金属冲裁与成形都与冲压有关。冲压产品在轻工业、汽车制造业、航天工业等领域应用广泛。

单元 1　冲压与冲压模具

图 1-1 为常见的冲压成形件，它们广泛存在于我们的生活当中。

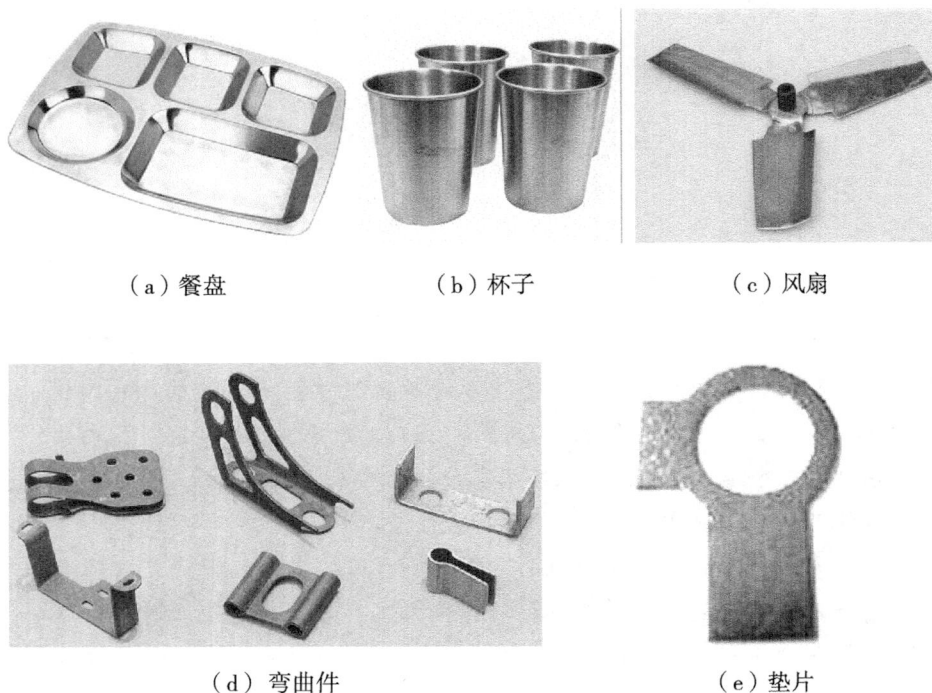

（a）餐盘　　　　　　　（b）杯子　　　　　　　（c）风扇

（d）弯曲件　　　　　　　　　　（e）垫片

图 1-1　常见的冲压成形件

【知识目标】

①熟悉冲压的概念、特点、应用及冲压技术的发展；
②熟悉生产中所采用的冲压工艺方法，掌握冲压的基本工序；
③掌握冲压模具的分类方式和基本结构；
④认识并熟悉冲压模具零件的名称及功能作用；
⑤认识并熟悉典型冲压模具的结构原理与工作过程。

【素养目标】

①培养学生对专业的兴趣；
②培养学生安全文明生产和遵守操作规范、规程的意识；

③培养学生精益求精、一丝不苟的工匠精神；
④提高学生观察能力、学习能力和协调能力。

一、认识冲压

冲压加工简称为冲压，是指在常温下利用安装在压力机上的模具对板料施加压力，使板料在模具里发生分离或变形，从而获得所需尺寸、形状和性能的工件（冲压件）的加工方法。由于冲压一般在常温下进行，因此也叫冷冲压。冲压是金属压力加工方法之一，是一种建立在金属塑性变形理论基础上的材料成形技术。冲压加工的原料一般为板料，故也称为板料冲压。

图 1-2 为某曲柄压力机冲压生产设备，把图 1-3 所示的冲压模具的上模部分和下模部分分别安装在曲柄压力机的上、下工作台上，曲柄压力机通过模具给板料施加压力，从而获得所需的尺寸、形状和性能的产品零件。

图 1-2　曲柄压力机　　　　　　　　图 1-3　冲压模具

冲压靠压力机和模具完成，与普通的加工方法相比，在经济和技术方面有以下特点。
①操作简单、生产效率高，有的高速冲床每分钟能生产成百上千件冲压产品；
②一般不需要进行切削加工，节省能源、节约原料；
③冲压产品的尺寸公差由冲压模具保证，尺寸稳定、互换性好；
④可以加工形状复杂的冲压产品，小到钟表，大到汽车覆盖件、纵梁等，相对来说壁薄、量轻、刚度好；
⑤具有一定的局限性：冲压模具的制造是单件、小批量生产，精度高，属于技术密集型产品，制造成本较高。因此，冲压生产适用于大批量生产。

冲压被广泛应用于国民经济的各个领域，如机械、电子信息、日用电器、交通、兵器、航空航天等，每人每天都直接与冲压产品发生联系。据不完全统计，冲压件在汽车、摩托车等制造业中约占60%，在电子工业中约占85%，在日用五金产品中约占90%。例如，一台冰箱投产需要配套350副以上专用模具；一台洗衣机投产需配套200副以上专用模具；一辆新型轿车投产需配套2000副以上专用模具。可以说，一个国家模具工业发展的水平一定程度上反映了这个国家工业的现代化发展水平。

二、冲压的基本工序

冲压的工艺方法多种多样，概括起来可分为两大类，即分离工序和成形工序。分离工序是指坯料沿一定的轮廓线分离而得到一定尺寸、形状和断面质量的冲压件的工序，可分为落料、冲孔、切边等。成形工序是使坯料发生塑性变形，转化成所要求的制件形状、尺寸的工序，可分为弯曲、翻孔、翻边、拉深、胀形、缩口等。

生产中，当批量较大时，常常采用多种组合工序，即把两个或两个以上的单工序组合成一道工序，形成复合、级进、复合—级进的组合工序。常见的冲压基本工序见表1-1。

表1-1 常见的冲压基本工序

工序分类	序号	工序名称	工序简图	定义
分离工序	1	切断	零件	将材料沿敞开的轮廓分离，被分离的材料成为制件或工序件
	2	落料	废料 零件	将材料沿封闭的轮廓分离，封闭轮廓线以内的材料成为制件或工序件
	3	冲孔	零件 废料	将材料沿封闭的轮廓分离，封闭轮廓线以外的材料成为制件或工序件
	4	切边		切去成形制件不整齐的边缘材料的工序
	5	切舌		将材料沿敞开轮廓局部而不完全分离的一种冲压工序

工序分类	序号	工序名称	工序简图	定义
分离工序	6	剖切		将成形工序件一分为二的工序
	7	弯曲		利用压力使材料产生塑性变形，从而获得一定曲率、角度形状的制件
	8	卷边		将工序件边缘卷成接近封闭圆形的工序
成形工序	9	拉弯		在拉力与弯矩共同作用下实现弯曲变形，使整个横断面全部受拉应力的冲压工序
	10	扭弯		将平直或局部平直的工序件的一部分相对另一部分扭转一定角度的冲压工序
	11	拉深		将平板毛坯或工序件变为空心件，或者把空心件进一步改变形状或尺寸的一种冲压工序
	12	变薄拉深		将空心件进一步拉深，使壁部变薄、高度增加的冲压工序
	13	翻孔		沿内孔周围将材料翻成侧立凸缘的冲压工序
	14	翻边		沿曲线将材料翻成侧立短边的工序
	15	卷缘		将空心件上口边缘卷成接近封闭圆形的冲压工序

工序分类	序号	工序名称	工序简图	定义
成形工序	16	胀形		将空心件或管状件沿径向向外扩张的工序
	17	起伏		使工序件局部凹陷或凸起的工序
	18	扩口		将空心件敞口处向外扩张的工序
	19	缩口		将空心件敞口处加压使其缩小的工序
	20	校形		校平是提高局部或整体平面型零件平直度的工序；整形是少量改变工序件形状和尺寸，以保证工件精度的工序
	21	旋压		通过旋轮使坯料逐步成形为各种旋转体空心件的工序
	22	冷挤压		对模具腔内的材料施加强大压力，使之从模孔或凸模、凹模间隙中挤出而获得所需零件的工序

三、冲压技术的发展

冲压是一个历史悠久的传统行业，进入 21 世纪，随着科学技术和工业生产的不断进步和迅速发展，冲压技术正在不断地发展和革新，其发展特点主要表现在以下四个方面。

1. 冲压工艺

为了提高模具产品的质量和生产效率，降低模具成本，扩大冲压工艺的应用范围，研究、推广各种冲压新工艺成为重中之重。目前，国内外用于冲压生产的先进工艺有：精密冲压、高精密冲压、超塑性成形以及多工位高速冲压技术等。

2. 冲压模具设计与制造

冲压模具的设计与制造有两种发展趋势。

（1）模具结构与精度发展方向

一方面，为了满足精密、高速、安全、大批量、自动化生产的需要，冲压模具正向精密、高效、多工位、多功能、长寿命方向发展；另一方面，为了满足市场上产品更新换代的需求，各种简易、经济冲压模具的设计与制造和一些快速成形技术也得到快速发展。

（2）模具设计与制造的现代化

随着信息技术等先进技术在模具中的广泛应用，模具设计与制造发生了革命性的变化。最为突出的是模具 CAE/CAD/CAM。在这方面，国内外已有许多应用成熟的计算机软件。我国许多企业除了引进国外的软件，还自行开发了模具 CAE/CAD/CAM 软件，如 CAXA、FASTAMP、HISTAMP、中望等。

模具加工朝着现代化方向发展。多轴机床、加工中心、精密磨削、高速铣削、电火花、慢走丝线切割、现代检测技术等已走向数控（NC）或计算机数控化（CNC）。在模具材料表面处理、材料热处理等方面，国内外都进行了大量的研制工作，并取得了很好的实际应用效果。冲压模具材料的发展方向是研制高强韧性的冷作模具钢，如LD1、65Nb、LM1、LM2 等，这些都是我国研制的性能优良的冲压模具材料。

模具专业化和标准化生产，已受到模具行业的广泛关注和重视。模具标准化是模具专业化生产的前提，模具专业化生产是提高模具质量、缩短模具制造生产周期、降低成本的关键。

3. 冲压模具设备及自动化

良好的冲压设备是提高冲压生产技术水平的基本条件。高精度、高效率、长寿命的冲压模具需要高精度、高自动化的冲压设备相匹配。为了满足新产品小批量生产的需要，冲压设备正朝着多功能、数控自动化方向发展。为了提高安全生产水平和生产效率，高速压力机、机械手、机器人等自动化生产线装置已投入使用。

4. 冲压的基本原理研究

冲压工艺、设计、制造方面的发展，均与冲压变形基本原理的研究密不可分。板料冲压工艺性能的研究，冲压变形过程应力应变分析、板料变形规律、计算机模拟的研究，以及冲压变形条件下拉深间隙、摩擦、润滑机理的研究等，都为先进的冲压模具模拟分析、设计、制造打下了坚实的基础。

四、冲压模具的分类

冷冲模，又称冷冲压模具、五金模、钣金模等，是指装在各种压力机上，使材料发生分离或变形的工具或模型。冲压模具以其特定的形状，通过一定的方式使板料成形。图1-4为生产电机定子、转子的冲压模具。

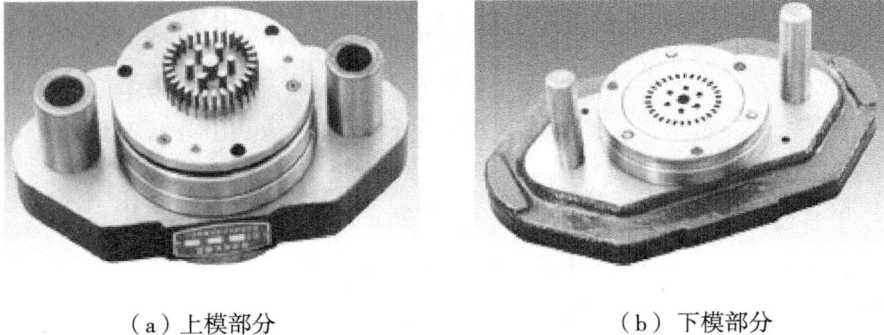

（a）上模部分　　　　　　　　　　（b）下模部分

图1-4　生产电机定子、转子的模具

冲压模具是冲压生产中必要的工艺装备，属于技术密集型产品。冲压件的质量、生产效率以及生产成本，都与模具设计和制造有着直接关系。模具设计与制造水平的高低，是衡量一个国家产品制造水平高低的重要指标，很大程度上决定着产品的质量、新产品的开发能力和经济效益。冲压模具的结构形式各种各样，通常有以下几种分类方式。按工艺性质可分为冲裁模、弯曲模、拉深模、成形模等；按工序组合程度可分为单工序模、复合模、级进模（也称连续模、跳步模）三种；按上下模的导向方式可分为无导向的敞开模和有导向的导板模、导柱模；按凸模和凹模的结构可分为整体模和镶拼模；按照凸模和凹模的布置方法可分为倒装模和正装模；按自动化程度可分为手工操作模、半自动模、自动模等。可见，冲压模具分类的方法多种多样，从不同的角度反映了模具的不同结构特点。一副模具可以兼具上述几种特征，比如一副模具既可以是手动模，又可以是复合模和导柱模等。

五、典型冲压模具的基本结构

冲压模具通常安装在立式冲压机床上，按照模具在立式冲压机床上的安装位置，一副模具在结构上可分为上模和下模两大部分，如图1-4所示。上模固定在冲床的上工作台或滑块上，下模固定在冲床的下工作台上，如图1-5所示。

无论是单工序模、复合模、级进模，还是冲裁模、弯曲模、拉深模及其他成形模

1—滑块；2—上模；3—下模；4—工作台

图 1-5　冲压模具及冲压模具设备

具，冲压模具均由工作零件、定位零件、退料零件和模架零件四大部分组成。

1. 工作零件

工作零件是直接对毛坯施压，使之发生分离或变形而得到所需形状和尺寸的模具零件，包括凸模、凹模、凸凹模，如图 1-6 中所示的凸模 13 和凹模 2。

2. 定位零件

定位零件是保证板料或毛坯条料在冲压模具中有准确位置的零件，常见的有寻料销、挡料销、导正销、侧刃等，如图 1-6 中所示的挡料销 19 与导料销 20。

3. 退料零件

退料零件是保证板料或毛坯冲压后顺利从工作零件上退出，以便下一次冲压能顺利进行的模具零件，包括卸料零件（如卸料板）、顶料零件（如顶件块）、推件零件（如推件块）和缓冲零件（如橡胶），如图 1-6 中所示的卸料零件卸料板 3 和缓冲零件橡胶 4。

4. 模架零件

模架零件包括模具的导向零件、支撑零件和紧固零件。导向零件是保证模具的上、下模部分正确运动，不至于使上、下模位置产生偏移，通常包括导柱、导套和导板等。支撑零件用于连接、固定工作零件，主要包括上、下模座（模板）、固定板、垫板、模柄等零件。紧固零件的作用是将各类零件连接和紧固为一体，包括螺钉、销钉等，如图 1-6 中所示的导向零件导套 14、导柱 17；紧固零件螺钉 8、15 和销钉 9、18；豆撑零件模柄 11、上模座 7、垫板 6、凸模固定板 5、下模座 1。

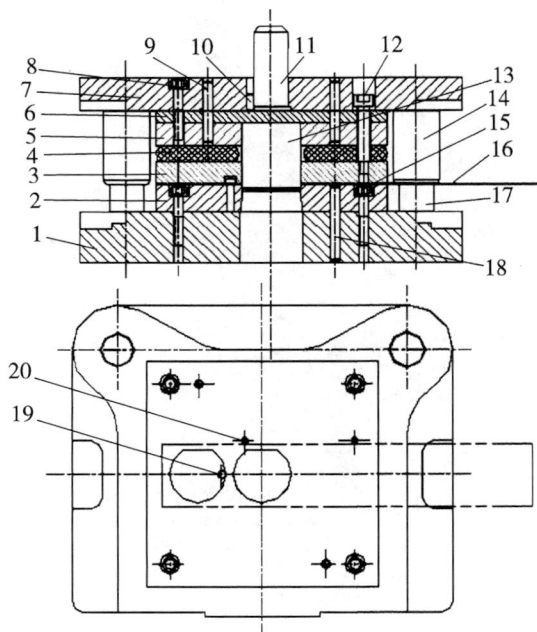

1—下模座；2—凹模；3—卸料板；4—橡胶；5—凸模固定板；6—垫板；7—上模座；8—螺钉；
9—销钉；10—防转销钉；11—模柄；12—卸料螺钉；13—凸模；14—导套；15—螺钉；
16—板料；17—导柱；18—销钉；19—挡料销；20—导料销

图1-6　圆缺垫片典型落料模具的基本结构

六、冲压模具的工作过程

第一步，毛坯定位。把模具安装在冲压设备上，上模部分固定在上工作台上（上滑块），下模部分固定在下工作台上，滑块这时一般处于上死点位置，上、下模分开，此时将板料送入模具，用挡料销和导料销正确定位板料，并准备冲压，如图1-7所示。

第二步，上模下行，材料分离，冲下制件。操纵机床按钮，上模随冲床滑块迅速向下运动，卸料板和凹模压住板料，滑块继续下行，橡胶被压缩，在压力的作用下，凸模和凹模相互作用使材料发生分离。冲下的制件落入凹模孔口中，而坯料卡在凸模上，如图1-8所示。

第三步，上模上行，卸料和取出制件。冲床滑块到达设定的下死点后自动回程带动上模上行，橡胶回弹，推动卸料板下行恢复到原来未闭合的状态，卸下卡在凸模上的板料，完成一次冲裁过程。而卡在凹模里的制件在以后的冲裁中被不断往下推，从凹模孔口内落下，通过冲压机床或冲床下台面的漏料孔下落到收件筐里，如图1-9所示。继续送进坯料，开始下一次冲裁过程。

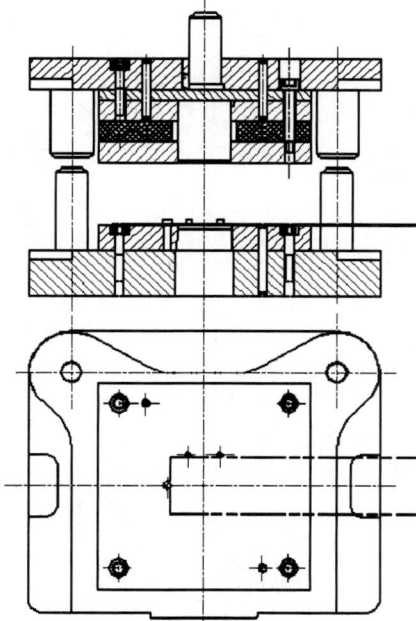

图 1-7　第一步示意

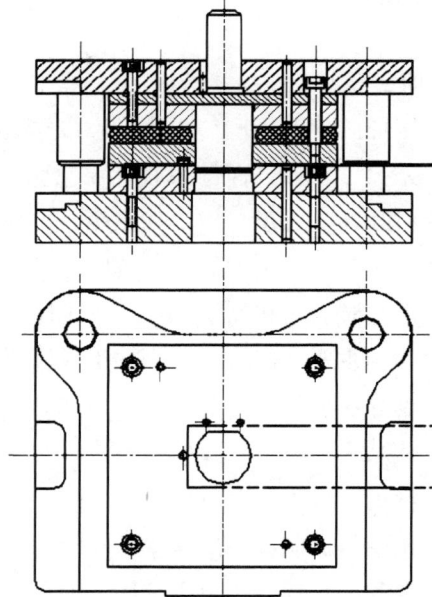

图 1-8　第二步示意

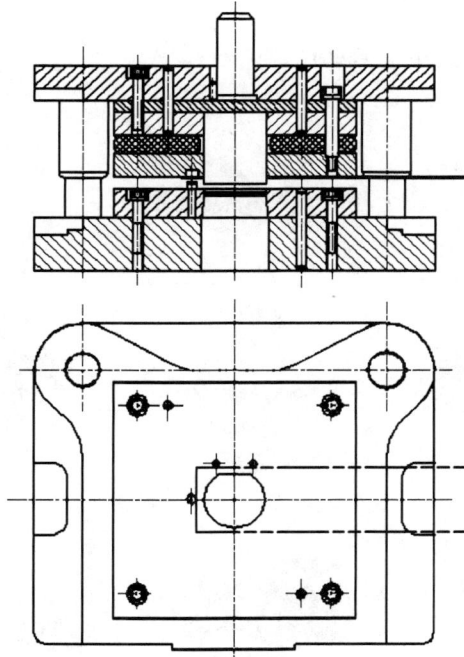

图 1-9　第三步示意

📋✓ **课后练习**

一、填空题

1. 冲压是指在常温下，利用安装在压力机上的_____对板料施加压力，使其产生_____或_____，从而获得所需尺寸、形状和性能的工件（冲压件）的加工方法。

2. 落料和冲孔属于_____工序，拉深和弯曲属于_____工序。

3. 冲压工艺分为两大类，一类叫_____工序，另一类叫_____工序。

4. 圆形垫圈的内孔属于_____工序，外形属于_____工序。

5. 冷冲压主要是用_____加工成所需要的零件，因此又叫板料冲压。

6. 一副冲压模具可分为_____和_____两大部分。

二、判断题

1. 拉深属于分离工序。（　　）

2. 冲压模具的制造一般是单件小批量，因此冲压件也是单件小批量生产。（　　）

3. 落料和冲孔都属于分离工序，而翻边、拉深、弯曲则属于成形工序。（　　）

4. 成形工序是指对工件的剪裁和冲裁工序。（　　）

5. 冲压只适合加工形状比较简单的零件。（　　）

三、看图填空题

1. 如图 1-10 所示，写出主要冲压工序名称。

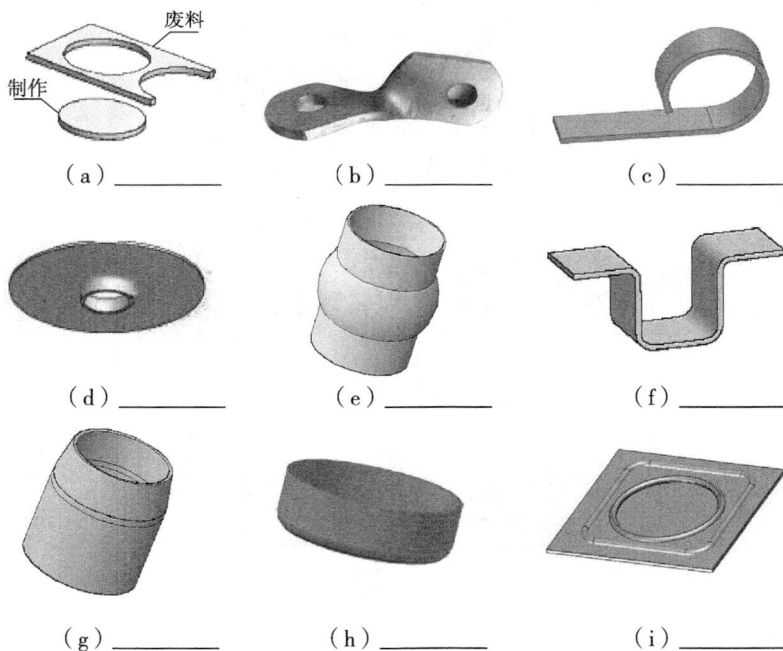

废料

制作

（a）_____　　（b）_____　　（c）_____

（d）_____　　（e）_____　　（f）_____

（g）_____　　（h）_____　　（i）_____

图 1-10　冲压工序

2. 如图 1-11 所示，写出模具常用的标准件名称。

（a）_____　　　　（b）_____　　　　（c）_____

（d）_____　　　　（e）_____　　　　（f）_____

图 1-11　标准件

四、问答题

1. 图 1-12 所示的止动件，厚度为 2mm，材料为 A3，大批量生产，分析止动件零件的冲压工序，说明什么是冲压，并简述冲压模具的工作过程。

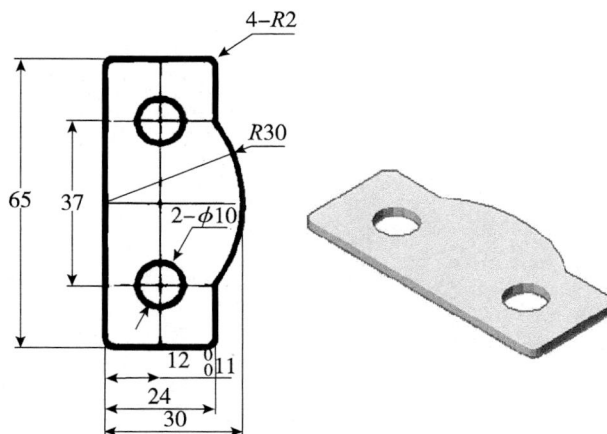

图 1-12　止动零件

2. 图 1-13 所示零件，材料为 0Cr18Ni9，料厚为 1mm，试分析该零件所用的冲压工序。

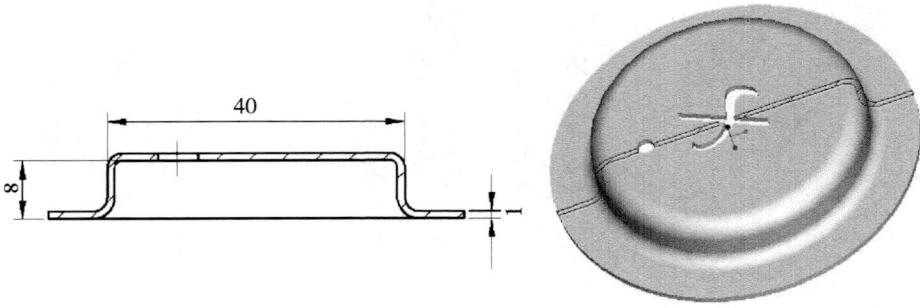

图 1-13　零件

单元 2　冲裁模

冲裁是利用冲裁模在冲压机床上使板料沿一定的封闭曲线分离的工序，属于分离工序。冲裁主要有冲孔和落料。冲裁是冲压生产的主要工序之一，除直接冲制冲孔件和落料件外，还可以为翻孔、翻边、弯曲、拉深等工序冲制毛坯。

【知识目标】

①掌握冲裁模的分类及典型结构；
②熟悉典型冲裁模的零件名称、结构原理与工作过程；
③熟悉并掌握模具零部件的分类、功能结构和固定形式；
④观察、了解拆装模具的结构功能，了解并掌握其完成的工艺工序和工作原理。

【素养目标】

①培养学生安全文明生产和遵守操作规范、规程的意识；
②培养学生自主钻研、善于总结、勇于创新的精神；
③培养学生观察能力、分析能力、学习能力和协调能力；
④培养学生对专业的兴趣和工匠精神。

一、冲裁模的分类

冲压件品种繁多，冲压模具结构类型也多种多样。冲裁模通常有以下几种分类方式。

1. 按工序性质

可分为落料模、冲孔模、切边模、切舌模、剖切模、切断模。

2. 按工序的组合程度

可分为单工序模、级进模和复合模。单工序模俗称简单模，即压力机在一次工作行程中仅完成一道冲压工序的模具，如落料、冲孔、弯曲、拉深、胀形等。一副冲压模具可以由一个凸模和一个凹模组成，也可以由多个凸模和凹模孔口组成。级进模，即压力机在一次工作行程中，在模具的不同位置同时完成数道冲压工序的模具，可以得到一个或数个冲压件。复合模，即压力机在一次工作行程中，在一副模具同一位置完成数道冲压工序的模具，压力机一次行程一般可得到一个冲压件。

3. 按导向方式

可分为无导向的敞开模和有导向的导板模、导柱模。

4. 按自动化程度

可分为手动模、半自动模、自动模。

除上述之外，还可以按其他形式进行分类，如按凹模、凸模材质分类，可分为普通钢模、硬质合金模、软模、锌基合金模等。再如，在汽车制造业中按下模座的长度与宽度可分为大型、中型和小型冲压模具。同一副冲压模具在不同的分类中有不同的称谓，它可能既是冲孔、落料、级进模又是导柱模。

二、落料模

1. 无导向落料模

如图 1-14 所示，无导向落料模的工作过程是：条料从前往后沿导料板 4 送至定位板 7 时被挡住，导料板 4 在板料送进方向上起导向作用，定位板 7 对板料进行定距，上模下行，落料凸模 2 随压力机上工作台下行，与落料凹模 5 共同完成对条料的冲裁，分离后的落料件从凹模洞口中向下推出落下。上模上行，箍在凸模上的板料随凸模上行时，则由固定卸料板 3 强行刮下。继续送进条料，开始下一次冲裁过程。

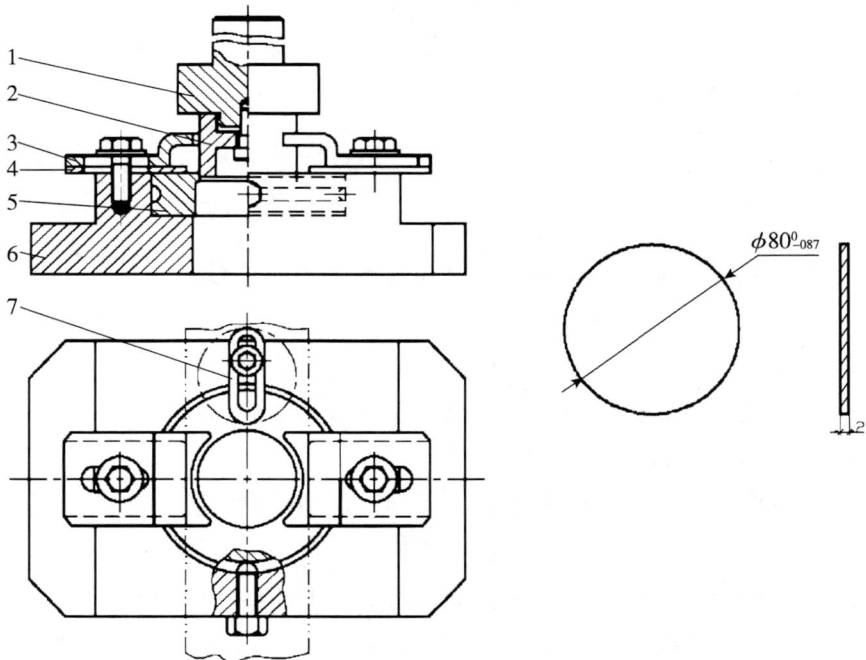

$\phi 80^{0}_{-087}$

1—上模座；2—落料凸模；3—固定卸料板；4—导料板；5—落料凹模；6—下模座；7—定位板

图 1-14　无导向落料模

图 1-14 中的落料凸模 2 做成 H 形，与上模座通过螺钉连接且固定在一起，落料凹模镶嵌在下模座 6 上。该模具中落料凸模、凹模的更换比较方便，定位板、导料板与卸料板的位置可以通过螺钉调节，因而更换时具有通用性。

无导向落料模的优点是结构简单、制造周期短、成本低。缺点是凸模和凹模的间隙要靠冲床滑块保证，冲裁件精度不高；装模、安装、调试都不方便，容易造成工作零件的啃伤，模具刃口容易磨损，模具寿命短，生产率比较低，使用起来不安全。此外，由于固定卸料是刚性的，容易造成工件不平整。因此，该模具常用于精度要求较低的厚板、小批量冲裁件的生产。

2. 导板式落料模

图 1-15 所示为导板式落料模具。下模部分安装有一块给上模部分的凸模导向的导板 9。由于导板孔与凸模采用 H7/h6 的配合，因此能对凸模进行导向。回程时导板又起

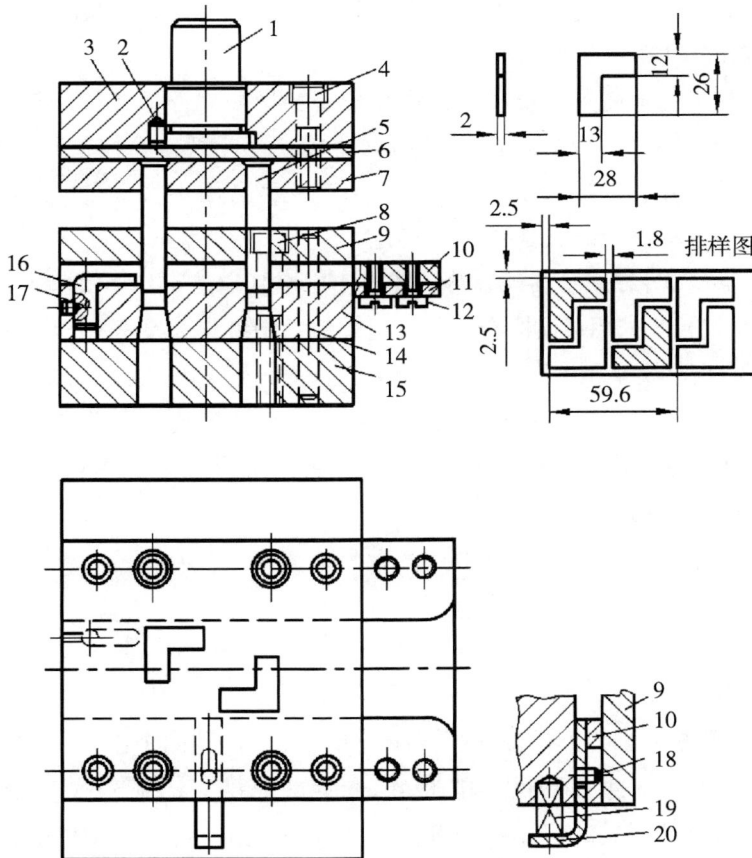

1—模柄；2—防转销；3—上模座；4—内六角螺钉；5—凸模；6—垫板；7—凸模固定板；
8—内六角螺钉；9—导板；10—导料板；11—承料板；12—内六角螺钉；13—凹模；14—销钉；
15—下模座；16—固定挡料销；17—止动销；18—限位销；19—弹簧；20—始用挡料销

图 1-15　导板式落料模

到固定卸料板的作用。

根据排样的需要，模具的固定挡料销 16 对首次冲裁不能起到定位作用，因而设计了始用挡料销 20。条料送进时，用手将始用挡料销压入来固定条料的位置并冲制首件。放手以后，始用挡料销在弹簧的作用下复位，不再起挡料作用，以后每次冲裁由固定挡料销对条料进行定距。

此模具排样方式为直对排，一副模具中有两个凸模和两个凹模孔口，所以除第一次冲裁外，滑块每下行一次，同时能获得两个制件。

导板式落料模具有精度高、安装调整方便、使用安全、寿命较长的优点，但制造难度比无导向落料模大。一般导板式落料模先做导板，后做凸模固定板和凹模，凸模固定板、凹模等零件的加工都是以导板为基准，所以导板精度的高低决定了其他零件精度的高低。当制件形状复杂、精度要求高时，导板的制造就较为困难。为了保证凸模与导板的良好导向，此类模具要求凸模不能离开导板，冲床行程较短。

3. 导柱式落料模

导柱式落料模的上模、下模利用导柱和导套的导向来保证其位于正确位置，所以凸模和凹模间隙均匀，制件质量高，模具寿命较长。此外，导柱、导套都是标准件，加工比导板方便，安装维修也方便，所以应用广泛，适用于大批量、制件精度要求高的生产场合。该落料模的缺点是制造成本稍高。

图 1-16 所示为导柱式落料模，落料凹模 4 用螺钉和销钉与下模座 1 连接固定，落料凸模 15 与固定板 8 采用过渡配合，并通过螺钉、销钉与上模座 10 连接固定。凸模背面加垫板 9，防止上模座压出凹坑。模柄 14 与上模座 10 用螺钉连接固定。条料由挡料销 6 定距。冲压开始时弹压卸料板 5 起压料作用，上模上行，借助弹性卸料装置（弹簧 7、卸料螺钉 11 和弹压卸料板 5）实现卸料，把卡在凸模外的板料 19 卸下。装配过程中的弹簧应有一定的预压量。

三、冲孔模

1. 菱形件冲孔模

图 1-17 所示是一副菱形件冲孔模，在菱形毛坯上冲制四个小孔。上模部分有四个冲孔凸模，其中凸模 5 冲 $\phi 2$ 的孔和凸模 4 冲 $\phi 4.2$ 的孔，上模下行时，压杆用来压下弹压卸料板。当模具开启时，压杆与弹压卸料板之间的空程 h_1 应小于卸料板台孔深 h_2，即 $h_1 < h_2$，用以保证冲压时弹压卸料板靠压杆传递压下的力量，保护凸模。

冲孔工作时，将坯料放入定位板 2 中进行定位。定位板的内孔定位部分与毛坯外形相适应；定位板前设计成缺口，便于放料；定位板的尺寸精度和装配质量决定了菱形制件的内孔与外形位置精度。因此，一般等试模合格后再加工定位销孔。

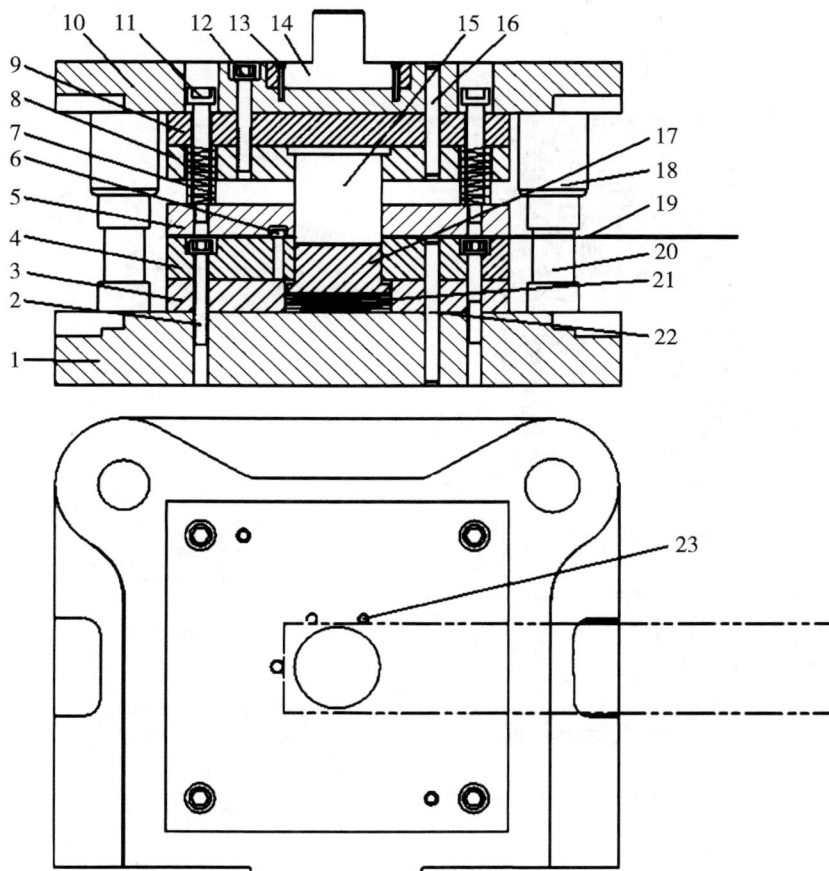

1—下模座；2—内六角螺钉；3—中间板；4—落料凹模；5—弹压卸料板；6—挡料销；7—弹簧；
8—固定板；9—垫板；10—上模座；11—卸料螺钉；12—内六角螺钉；13—内六角螺钉；
14—模柄；15—落料凸模；16—圆柱销；17—顶件块；18—导套；19—板料；20—导柱；
21—弹簧；22—圆柱销；23—导料销

图 1-16 导柱式落料模

2. 小孔冲模

图 1-18 所示是一副全长导向结构的小孔冲模，该模具的结构特点如下。

①导向精度高：导柱不但在上、下模座之间进行导向，还对卸料板进行导向。为了提高导向精度，模具采用了浮动模柄的结构。在冲压过程中，为了保证导向精度，导柱始终不脱离导套。

②凸模全长导向：模具采用凸模全长导向结构。冲裁时，凸模 7 由凸模护套 9 全长导向，凸模伸出护套后，即冲出一个孔。

③对材料加压：冲压时，由于凸模护套伸出于卸料板，卸料板一开始不接触材料。因此，凸模护套与板料的接触面积上的压力大，接触材料处于压应力状态，利于塑性变形。另外，当冲制的孔距小于材料厚度时，仍能获得断面质量较好的孔。

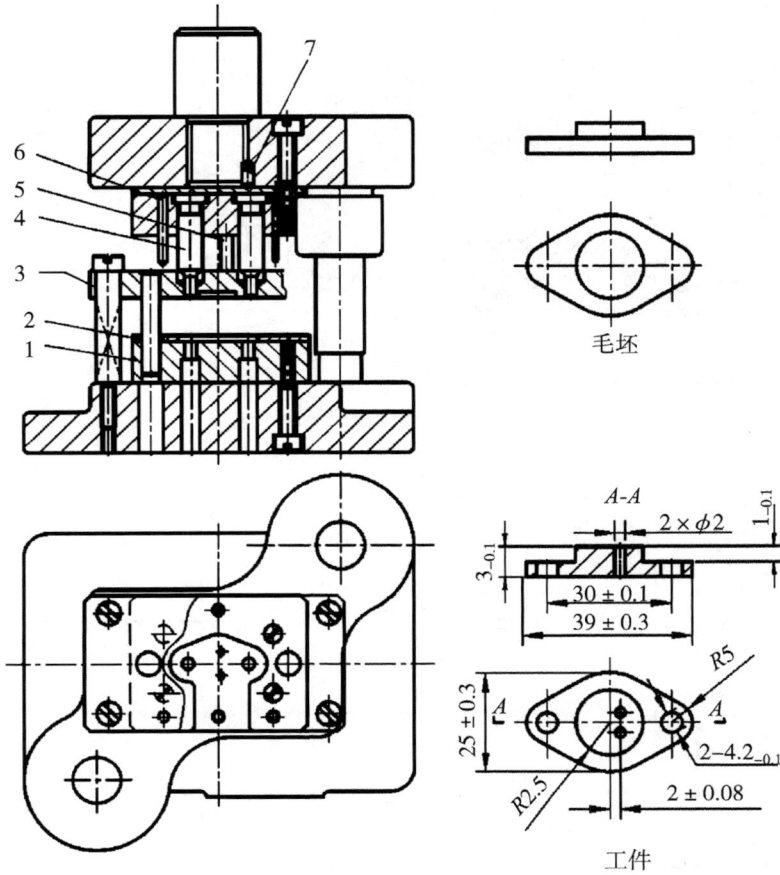

毛坯

工件

1—凹模；2—定位板；3—弹压卸料板；4、5—凸模；6—压杆

图 1-17　菱形件冲孔模

四、复合模

复合模的结构特点是具有一个既充当凸模又充当凹模的工作零件，这个零件叫凸凹模。按凸凹模的安装位置的不同，可分为倒装式复合模与正装式（顺装式）复合模两种类型。

1. 倒装式复合模

倒装式复合模的凸凹模装在下模部分，凹模装在上模部分。倒装式复合模是应用最为广泛的一种冲压模具类型。图 1-19 所示是圆形垫圈倒装式复合模的典型结构。模具中凸凹模 19 装在下模，它的外形起落料作用，而内孔起冲孔凹模的作用，故称凸凹模。它和固定板 21 一起装在下模座 1 上，冲孔凸模 17 和落料凹模 7 则装在上模部分。

工作时，条料由挡料销 6 和导料销 23 进行定位。冲裁时，冲孔凸模和凸凹模中的

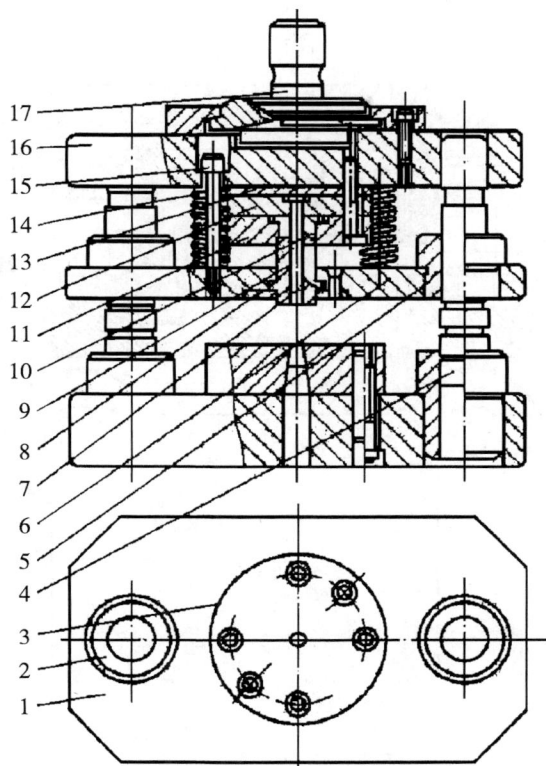

1—下模座；2—导套；3—凹模；4—导柱；5—导套；6—弹压卸料板；7—凸模；8—托板；
9—护套；10—扇形块；11—扇形块固定板；12—固定板；13—上垫板；14—弹簧；
15—卸料螺钉；16—上模座；17—浮动式模柄

图 1-18　全长导向结构的小孔冲模

凹模孔作用冲出工件孔，凸凹模的凸模外形和落料凹模作用落出工件外形。冲裁完毕后，工件卡在落料凹模内，冲压机床给打杆 14 向下的力，打杆推动推件块 18 将工件推下。弹压卸料板 5 在弹簧的作用下向上运动卸下板料，冲孔废料则从凸凹模孔内漏出。冲孔废料无须清理。倒装式复合模操作方便、安全，适合于平直度要求不高的多孔制件的冲裁。

2. 正装式复合模

正装式复合模的凸凹模装在上模部分，凹模装在下模部分。图 1-20 所示是圆形垫圈正装式复合模。凸凹模 19 装在上模部分，形状与工件一致，其外形为落料的凸模，内孔为冲孔的凹模，固定在固定板中。工作时，条料由挡料销 6 和导料销来定位，上模下行，冲孔凸模 20 和凸凹模中的凹模孔作用冲出工件孔，凸凹模的凸模外形和落料凹模 4 作用落出工件外形。开模时上模上行，顶件块 21 在弹簧的作用下，把卡在落料凹模内的工件顶出，冲裁时和弹压卸料板 5 一同起压料的作用。因此，冲出的工件平

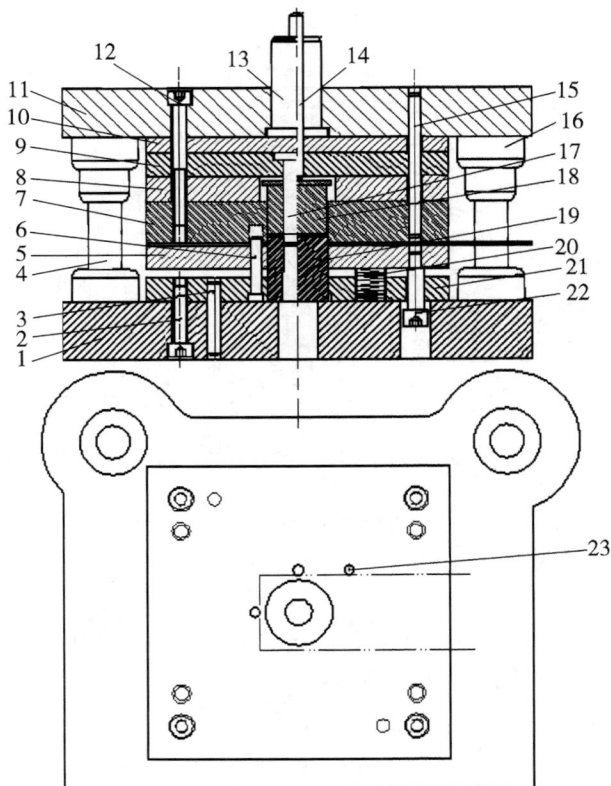

1—下模座；2—螺钉；3—圆柱销；4—导柱；5—弹压卸料板；6—挡料销；7—落料凹模；
8—中间板；9—凸模固定板；10—上垫板；11—上模座；12—螺钉；13—模柄；14—打杆；
15—圆柱销；16—导套；17—冲孔凸模；18—推件块；19—凸凹模；20—矩形弹簧；
21—固定板；22—卸料螺钉；23—导料销

图 1-19 圆形垫圈倒装式复合模

整，适合冲裁板料较薄的工件。弹压卸料板从箍在凸凹模的板料卸下。打料装置通过推杆 17 从凸凹模孔中推出冲孔废料，为了保证操作安全，冲孔废料应及时用压缩空气吹走。正装式复合模的主要缺点是操作不方便，也不安全，不适用于多孔制件的冲裁。

复合模的主要优点是模具结构紧凑，冲压得到的制件精度高、平整性好，但模具结构相对复杂，制造难度大、成本较高。另外，由于凸凹模刃口形状与工件形状完全一致，制件内外形的尺寸决定了凸凹模模壁的厚度，如果内外尺寸相差过小，则凸凹模强度差。

倒装式复合模由于凸凹模内孔中积存的废料会对凸凹模产生胀力，凸凹模的壁厚值要求比正装大一些。因为倒装结构比正装结构简单、安全，所以在生产实际中应用广泛。

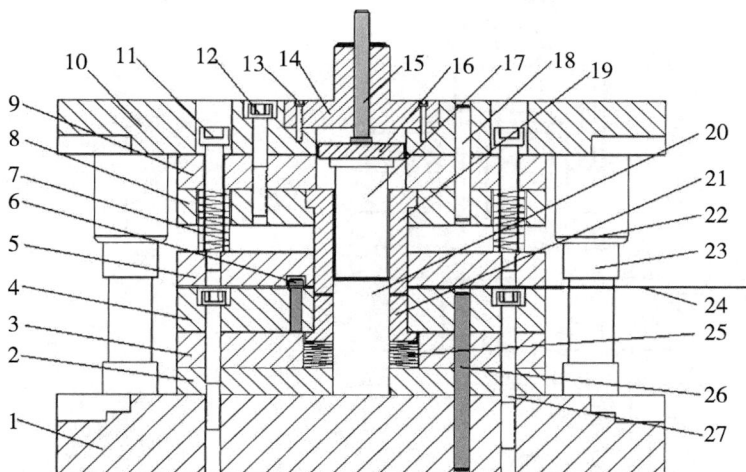

1—下模座；2—下固定板；3—下中间板；4—落料凹模；5—弹压卸料板；6—挡料销；
7—卸料弹簧；8—上固定板；9—夹板；10—上模座；11—卸料螺钉；12—内六角螺钉；
13—内六角螺钉；14—模柄；15—打杆；16—推板；17—推杆（推件块）；18—圆柱销；
19—凸凹模；20—冲孔凸模；21—顶件块；22—导套；23—导柱；24—板料；25—弹簧；
26—圆柱销；27—内六角螺钉

图 1-20　圆形垫圈正装式复合模

五、级进模

级进模可以把两道或更多的工序合并在一副模具中完成，所以用级进模生产可以减少模具和设备的数量，容易实现生产自动化并提高生产率。使用级进模进行冲压生产，为了保证工件的质量，必须解决条料的准确定位问题。根据定位零件的结构特点，级进模有以下两种典型结构。

1. 挡料销和导正销定位的级进模

图 1-21 所示为冲制垫圈的级进模。该模具上、下两部分靠凸模与固定导板 3 配合导向。工作零件包括冲孔凸模 1、落料凸模 2 和凹模 4。定位零件有导正销 5、临时挡料销 6 和固定挡料销 7。工作时，先由冲孔凸模和凹模作用冲出制件的内孔，然后把条料向左送进一个步距，再由模具左边的落料凸模和凹模得到制件外形，即得到垫圈。落料的同时，冲孔凸模和凹模又冲制出下一个垫圈的内孔。条料不断送进，上、下模具合模连续地冲孔和落料，使冲床的每次行程都能得到完整的制件。

该模具中条料的定位方法是：冲制首件时，用手推临时挡料销限定条料的初始位置，进行冲孔。松开手后，临时挡料销在弹簧的作用下自动复位，然后将条料送进一个步距，由固定挡料销初步定位。合模落料时用装于落料凸模端面上的导正销插入条料冲制的孔内，保证条料的精确定位。模具的导板除给凸模起导向作用外，兼作卸料板用。

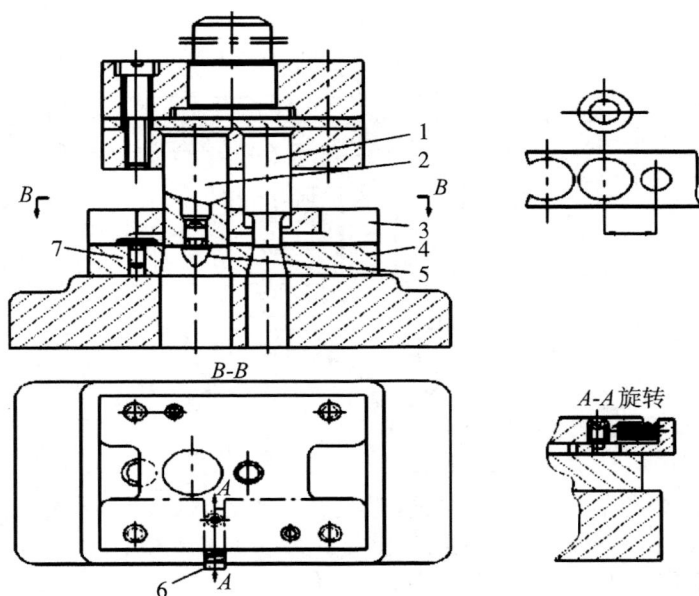

1—冲孔凸模；2—落料凸模；3—固定导板；4—凹模；5—导正销；6—临时挡料销；

7—固定挡料销

图 1-21　冲制垫圈的级进模

如果零件形状不适合用导正销来定位，可在条料上冲出工艺孔，利用装在凸模固定板上的导正销进行导正。为了避免折断，导正销直径应大于 2~5mm。若板料的厚度小于 0.5mm，孔的边缘容易被导正销压弯而起不到导正的作用。凸模如果是窄长形的，也不宜采用导正销来定位，此时可用侧刃定距。

2. 侧刃定距的级进模

图 1-22 所示为有侧刃的级进模。该模具的结构特点是在凸模固定板 7 上，除装有冲孔、落料的凸模外，还装有特殊的凸模——控制条料送进距离的侧刃 16。侧刃断面的长度等于送料步距。在压力机每次合模开模的行程中，在条料的边缘，侧刃冲出一块长度等于步距的料边。由于侧刃前后导料板之间的宽度不同，前宽后窄，形成一个凸肩，所以只有当侧刃切去一个长度等于步距的料边，条料宽度减少后，条料才能向前送进一个步距，从而保证孔与外形位置的准确性。

侧刃的定位可以采用单侧刃。使用单侧刃时，条料冲到最后一个工件的孔时，条料上不存在凸肩，落料时无法定位，因此末件是废品。如果级进模在 n 个步距内工作，则将有 $(n-1)$ 个半成品失去定位。为了避免这些废品的产生，可采用错开排列的双侧刃。一个侧刃应排在第一个工作位置或其前面；另一个侧刃应排在最后一个工作位置或其后面。考虑到凹模的强度问题，图 1-22 中的第二个侧刃应安排在落料工位之后。在使用双侧刃的级进模中，为了使送料时条料不致歪斜，提高送料精度，有时也将左、

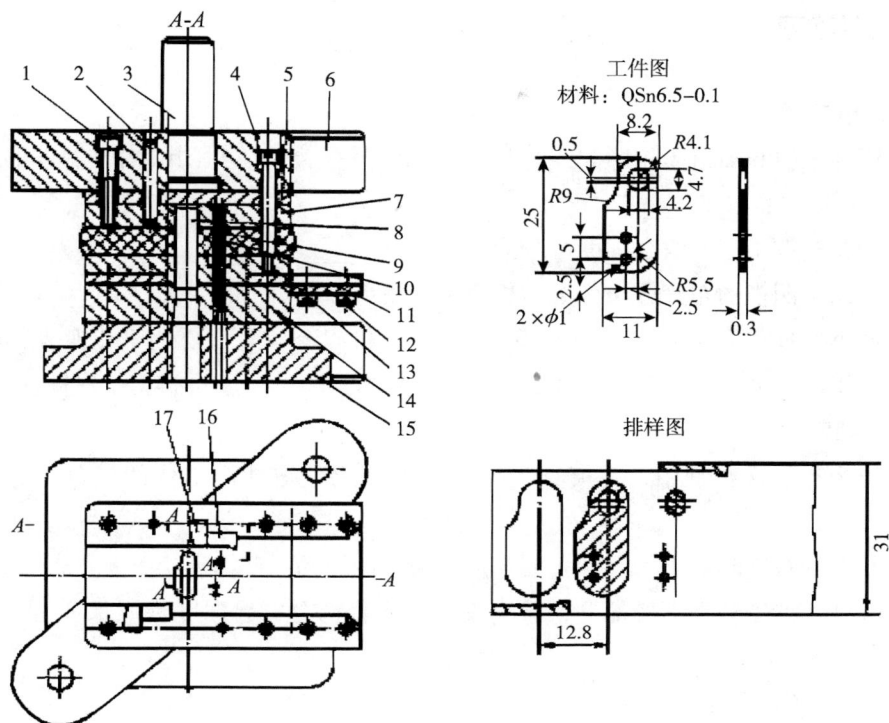

工件图
材料：QSn6.5-0.1

排样图

1—内六角螺钉；2—圆柱销；3—模柄；4—卸料螺钉；5—垫板；6—上模座；7—凸模固定板；
8—落料凸模；9、10—冲孔凸模；11—导料板；12—承料板；13—卸料板；14—凹模；
15—下模座；16—侧刃；17—侧刃挡块

图 1-22 有侧刃的级进模

右两侧刃并排布置。

　　侧刃定距的优点是不受冲压件结构的限制，操作安全方便，送料速度快，容易实现自动化生产。缺点是模具结构复杂，浪费材料，一般情况下，它的定距精度比导正销定位的低。所以，级进模中可将侧刃与导正销联合使用，侧刃做粗定位，导正销做精定位。同时，侧刃的长度应略大于送料步距，保证导正销有导正的余地。因此，带侧刃的级进模定位准确、操作方便、生产效率高，适用于冲制厚度小于 0.5mm 的薄板，或在使用定位销和导正销定位不便时采用。

📋✓ **课后练习**

一、填空题

1. 用冲压模具沿封闭轮廓曲线冲切，封闭线外是废料，封闭线内是制件的工艺叫_____；反之是_____。

2. 冲裁模按工序的组合程度可分为_____、_____和_____。

3. 按凸、凹模的布置方法分类，复合冲裁模可分为_____和_____。

4. 冲小孔的模具必须考虑冲孔凸模的_____和_____，以及快速更换凸模的结构。

5. 对于内、外形尺寸相差不大的制件，不适合用_____进行多工序冲裁。

二、判断题

1. 压力机一次行程中，在模具不同工位上完成数道冲压工序的模具，称为级进模。（ ）

2. 复合冲裁模具的工作零件主要包括凸模、凹模和凸凹模。（ ）

3. 导柱一般安装在下模部分，导套安装在上模部分，导向零件能保证上、下模的正确定位和运动。（ ）

三、问答题

1. 分析图 1-23 所示模具的结构，写出各序号模具零件的名称，并说明该模具完成的工艺工序。

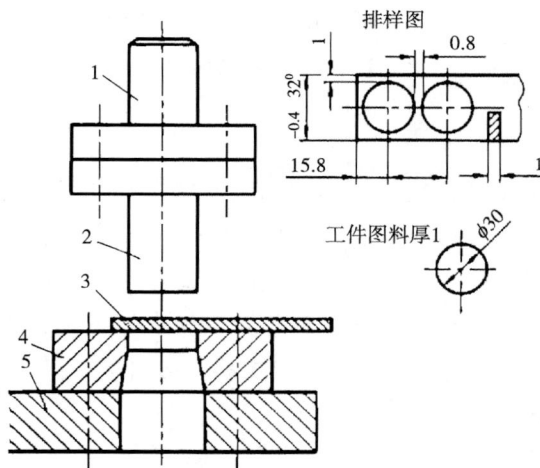

图 1-23　模具

2. 分析图 1-24 所示模具的结构，写出各序号模具零件的名称，并说明其与图 1-23 相比有何优越性。

3. 分析图 1-25 所示模具的结构，补全图中复合模具各序号零件的名称，并说明该复合模的类型。

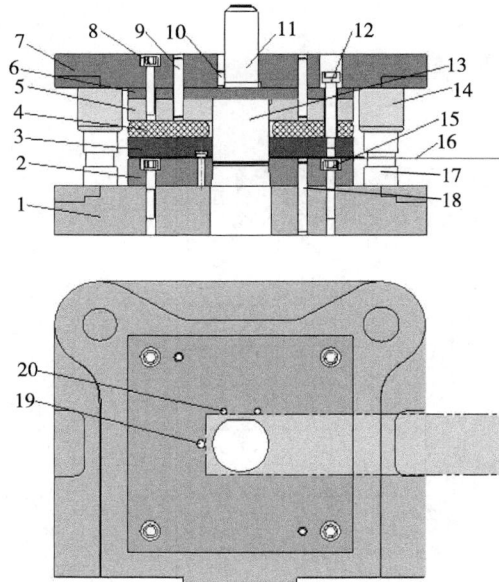

图 1-24 模具

图 1-25 复合模

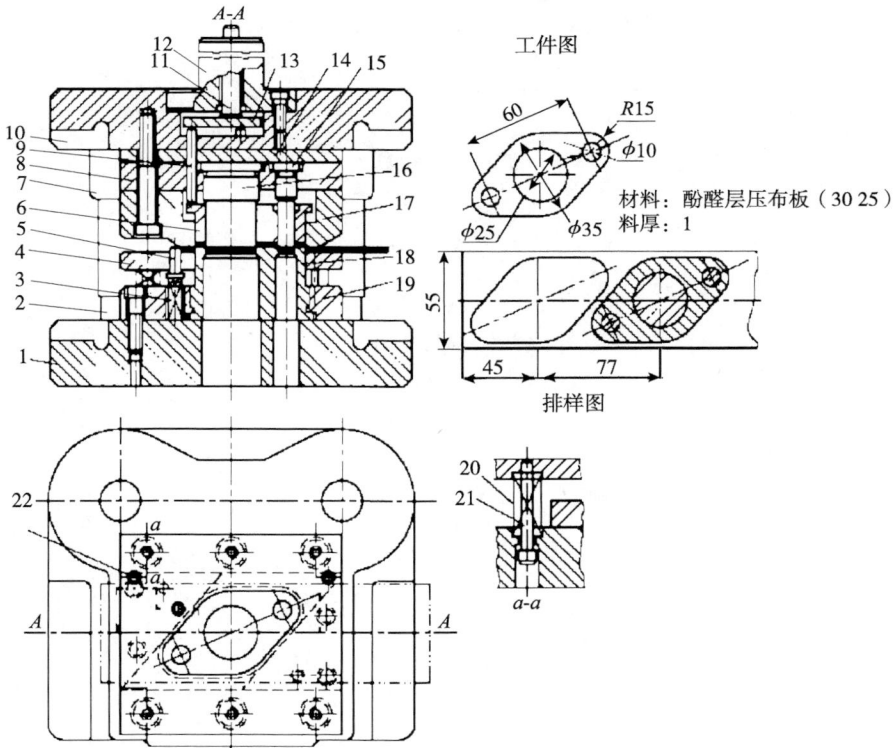

1—下模座；2—导柱；3—弹簧；4—（   ）；5—活动挡料销；6—导套；7—上模座；8—凸模固定板；
9—推件块；10—连接推杆；11—打杆；12—模柄；13—推板；14—垫板；15—（   ）；16—（   ）；
17—（   ）；18—（   ）；19—下固定板；20—弹簧；21—卸料螺钉；22—导料销

工件图

材料：酚醛层压布板（30 25）
料厚：1

排样图

4. 分析图 1-26 所示模具的结构，写出各序号模具零件的名称，说明该模具的类型并叙述其工作原理（工作过程）。

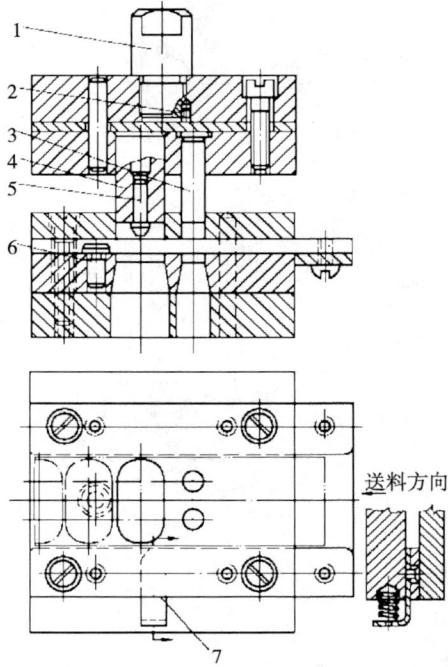

图 1-26　模具

单元 3　弯曲模

弯曲是将金属型材、板材、管材等毛坯按照一定的角度或曲率进行变形，从而得到一定形状和角度的零件的冲压工序。弯曲零件应用广泛，弯曲成形有多种方法，如在压力机上使用弯曲模压弯、在折弯机上折弯、在拉弯机上拉弯以及在辊弯机上辊弯、辊压成形等。本单元主要介绍在普通压力机上进行压弯的工艺和模具。

【知识目标】

①掌握弯曲模的分类和典型结构；
②熟悉典型弯曲模的零件名称及功能、结构原理与工作过程；
③掌握弯曲模工作零件设计方法。

【素养目标】

①培养学生自主钻研、善于总结、勇于创新的精神；
②培养学生观察能力、学习能力和团队协作能力；
③培养学生精益求精、一丝不苟的工匠精神。

弯曲件的形状及弯曲工序的安排决定了弯曲模的结构。下面以不同类型的常见弯曲件分析弯曲模的典型结构及其特点。

弯曲模按其工序组合形式，可分为单工序弯曲模、级进弯曲模和复合弯曲模。

一、单工序弯曲模

（1）V 形件弯曲模

V 形件形状简单，可以一次弯曲成形，最简单的 V 形件弯曲模如图 1-27 所示。这种模具为敞开式，制造方便，通用性强，但毛料在弯曲时容易滑动，影响工件质量。

图 1-28 所示为带有顶杆的 V 形件弯曲模。该模具的优点是结构简单，顶杆 2 既起压料作用，又起顶料作用，可防止材料滑动偏移。工件在冲压行程结束时可得到不同程度的校正，弯曲件回弹较小，工件的平面度较好。

（2）U 形件弯曲模

图 1-29 所示为 U 形件弯曲模，在一次弯曲过程中可以形成两个弯曲角。该模具

设置了顶杆 7 和顶板 8，弯曲过程中顶板始终压住工件；同时利用半成品坯料上已有的两个孔设置了定位销 9，定位销对工件进行定位的同时，有效地防止了毛坯在弯曲过程中的滑动偏移。卸料杆 4 的作用是将弯曲成形后的工件从凸模 3 上卸下。

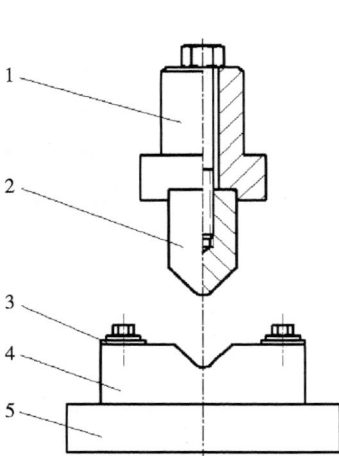

1—上模座；2—弯曲凸模；3—定位板；
4—弯曲凹模；5—下模座

图 1-27　V 形件弯曲模

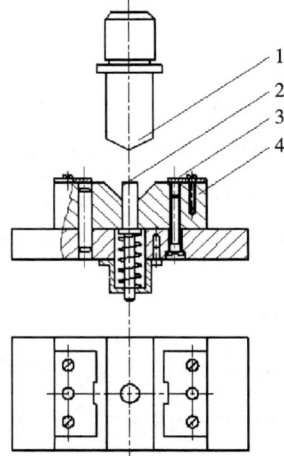

1—弯曲凸模；2—顶杆；
3—定位板；4—弯曲凹模

图 1-28　带有顶杆的 V 形件弯曲模

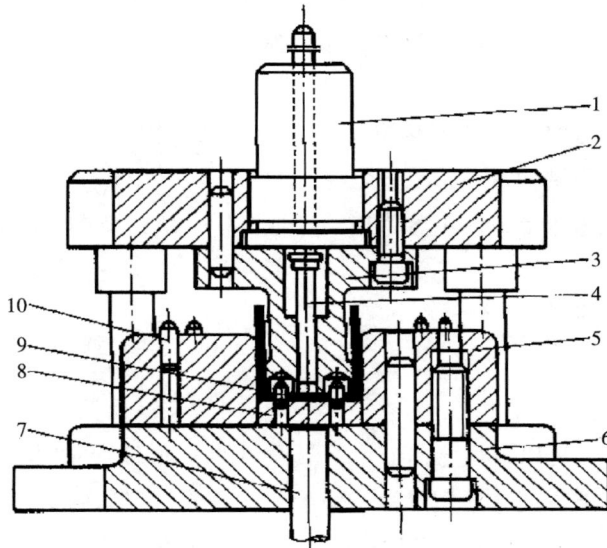

1—模柄；2—上模座；3—凸模；4—卸料杆；5—凹模；6—下模座；
7—顶杆；8—顶板；9—定位销；10—定位销

图 1-29　U 形件弯曲模

30

对于弯曲角 $\alpha<90°$ 的 U 形件，可采用图 1-30 所示的弯曲模具结构。该模具下模设有一对回转凹模 2。弯曲前，回转凹模在弹簧的拉力下处于初始位置，毛坯板料用定位板定位。压弯时弯曲凸模 1 先将毛坯弯曲成 U 形，然后继续下降，迫使坯料底部压向回转凹模的缺口位置，使两边的回转凹模向内侧旋转，最后将工件弯曲成形。弯曲完成后，弯曲凸模上行，在弹簧的作用下，回转凹模复位，工件从垂直于图面方向的凸模上抽出。这种模具结构适用于弯曲较厚的材料。

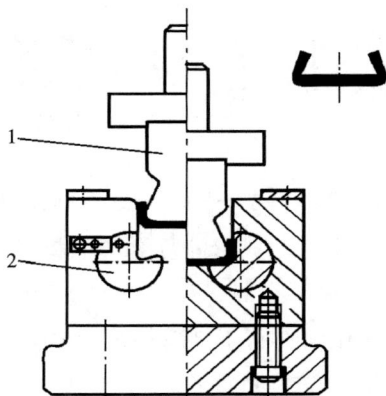

1—弯曲凸模；2—回转凹模

图 1-30　弯曲角 $\alpha<90°$ 的 U 形件弯曲模

（3）⌐形件用弯曲模（四角件弯曲模）

一般的⌐形弯曲件上有四个弯曲角需要弯曲，可以一次弯曲成形，也可以两次弯曲成形。图 1-31 所示为⌐形件两次成形弯曲模，第一次先将毛坯弯成 U 形；第二次弯曲时，利用弯曲凹模的外形兼作半成品坯件的定位作用，弯曲成四角形。弯曲过程中，工件中间最好有工艺定位孔，以防止经两道工序弯曲后，工件两边尺寸不一致。使用这种方法成形的模具结构简单、紧凑，但第二次弯曲时需要用凹模外形来定位，弯曲凹模的壁厚受到弯曲件弯边高度的限制，因此适用于弯曲高度 $H>12\sim15t$（料厚）

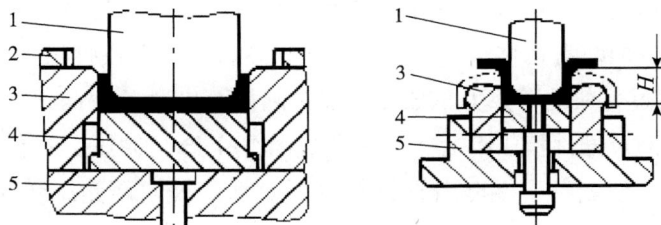

（a）首次弯曲　　　　　　　　（b）二次弯曲

1—凸模；2—定位板；3—凹模；4—顶板；5—下模座

图 1-31　⌐形件两次成形弯曲模

31

的场合。否则，会因为凹模壁厚太薄而造成工件强度不够。

⌐⌐形弯曲件一次弯曲成形模如图 1-32 所示。该模具在一次弯曲成形过程中，坯料受凹模圆角的阻力，材料有被拉长的现象，展开尺寸会出现较大误差。除此之外，毛坯与凹模圆角接触处弯曲线的位置在弯曲过程中是变化的，容易使弯曲件的外角形状不准及竖直边变薄，往往得不到满意的形状。

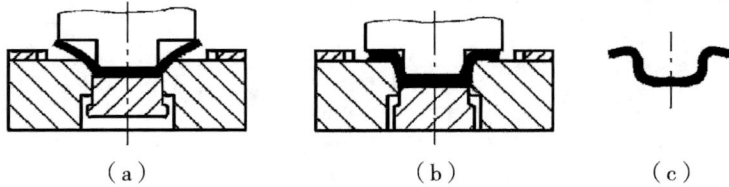

（a）　　　　　　　　　（b）　　　　　（c）

图 1-32　⌐⌐形弯曲件一次弯曲成形模

图 1-33 所示为⌐⌐形件一次弯曲成形的复合弯曲模。凸凹模 1 既是弯曲 U 形的凸模，又是弯曲⌐⌐形的凹模。上模下行时，先由凸凹模和凹模 2 将毛坯弯成 U 形，凸凹模继续下行，与活动凸模 3 作用，再将工件弯成⌐⌐形件。这种结构的凹模需要具有较大的结构空间，凸凹模的壁厚受到弯曲件高度的制约。另外，由于弯曲过程中毛坯未被充分夹紧，弯曲后制件易产生偏移和回弹，工件的尺寸精度较低。

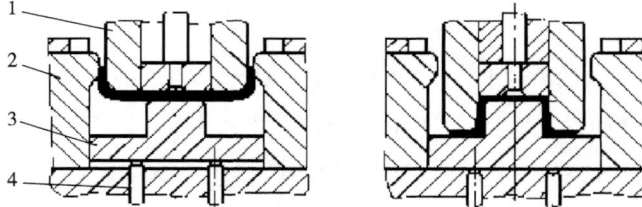

1—凸凹模；2—凹模；3—活动凸模；4—顶杆

图 1-33　⌐⌐形件一次弯曲成形的复合弯曲模

较为理想的一次弯曲成形模具如图 1-34 所示。该模具对制件的两个对称弯角先后进行弯曲，下模由提块 3 通过底座并保持间隙配合；凸模 2 通过小轴与提块连接；上模由垫板 4 构成，内装有推件板 5；当垫板下压坯料时，下模弹顶力 F_2 远远大于上模弹顶力 F_1，且超过材料的弯曲力，如此实现对制件两内角的弯曲；当提块完全进入垫板，并将制件底面及推件板压牢后，上模仍在继续下降，冲压力迫使下模后缩，此时凸模向两侧转动，使制件下端随着向外弯曲，直到凸模向两侧旋转 90°，将凹模 1 压紧，而完成全部弯曲过程。这样的弯曲模完全弥补了图 1-33 弯曲模的不足，提高了产品质量和冲压效率。

（4）Z 形件弯曲模

图 1-35 所示为 Z 形件弯曲模。在开模自由状态下，活动凸模 10 在橡胶 8 的作用

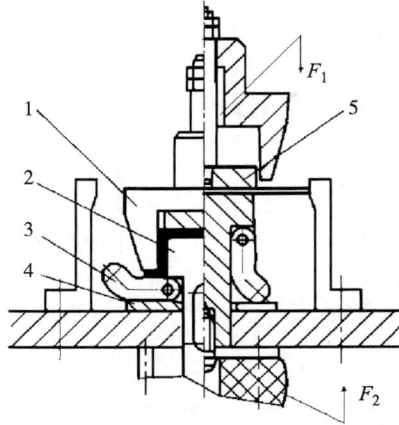

1—凹模；2—凸模；3—提块；4—垫板；5—推件板

图 1-34　带摆块的 ⌐⌐ 形件弯曲模

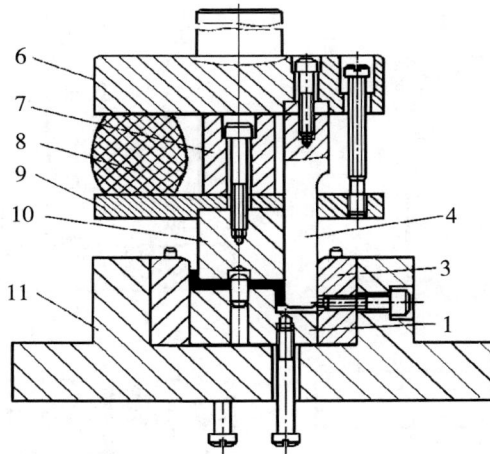

1—顶板；2—定位销；3—反侧压板；4—凸模；5—凹模；6—上模座；
7—压块；8—橡胶；9—凸模托板；10—活动凸模；11—下模座

图 1-35　Z 形件弯曲模

下与凸模 4 下端面齐平。冲压时，上模下行，活动凸模 10 与顶板 1 将坯料压紧，如果橡胶产生的弹压力大于顶板所产生的弹顶力，活动凸模将推动顶板下移使坯料左端弯曲。当顶板下移接触下模座 11 后，橡胶被压缩，凸模相对活动凸模下移，将坯料右端再弯曲成形。当压块 7 的上表面与上模座 6 的下表面相接触时，整个工件得到校正。

（5）圆环件弯曲模

小圆环件（直径在 10mm 以下）可用图 1-36 所示的模具进行二次弯曲成形。大圆环件（直径在 40mm 以上）可采用图 1-37 所示的模具进行二次弯曲成形。对于直径≤5mm 的小圆筒，一般是先弯成 U 形，后弯成圆形。

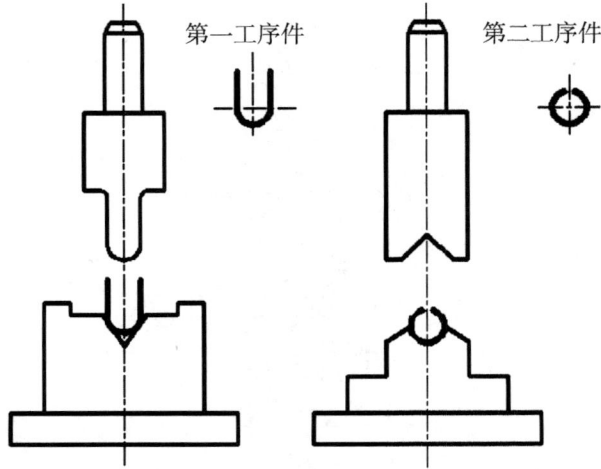

图 1-36　小圆环件弯曲模

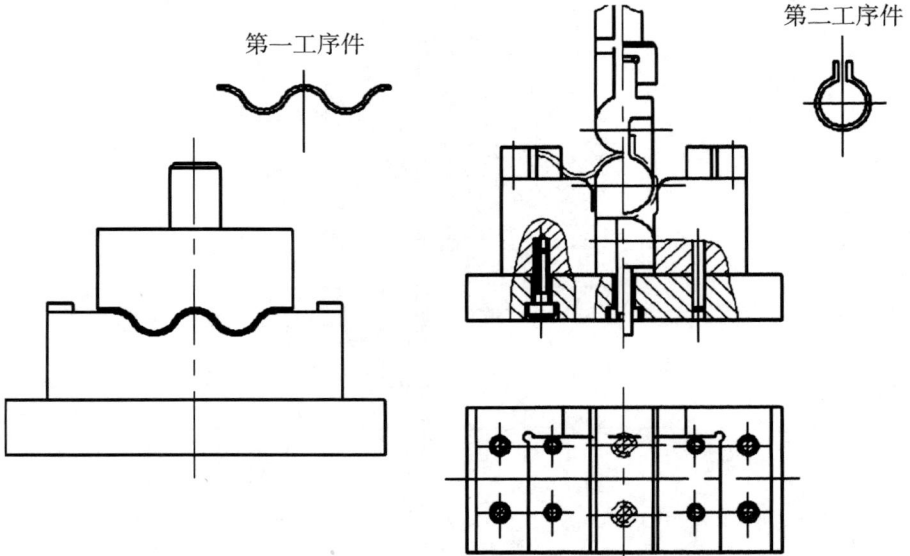

图 1-37　大圆环件弯曲模

　　为了提高生产率，大圆环件可以采用图 1-38 所示的带摆动凹模的一次成形弯曲模。凸模 2 下行，先将坯料压成 U 形。凸模继续下行，摆动凹模 3 将 U 形弯成圆形。弯好后，上推支撑板 1，将工件从凸模上抽出。这种弯曲方法的缺点是弯曲件上部得不到校正，弯曲件回弹较大。

　　（6）其他形状零件弯曲模

　　图 1-39 所示为带摆动凸模的弯曲模。毛坯放在凹模 1 上，通过定位销 7 来定位。上模下行，压板 2 将毛坯压紧。上模继续下行，压板使弹簧 5 压缩，滑轮 6 带动摆杆 3 沿着凹模的斜槽运动，将工件压弯成形。上模回程后，抽出留在凹模上的工件。

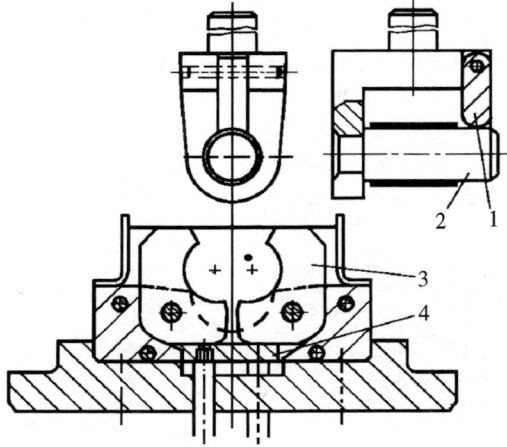

1—支撑板；2—凸模；3—摆动凹模；4—顶板

图 1-38　带摆动凹模的一次成形弯曲模

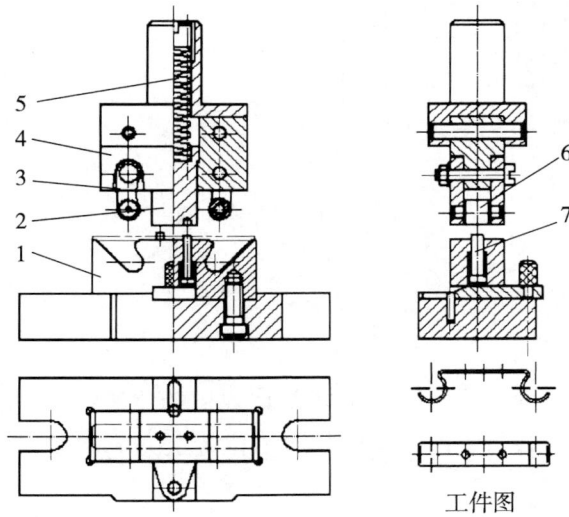

工件图

1—凹模；2—压板；3—摆杆；4—支架；5—弹簧；6—滑轮；7—定位销

图 1-39　带摆动凸模的弯曲模

二、级进弯曲模

对于尺寸小、批量大的弯曲件，为了保证零件质量，提高生产率和安全性，可以采用级进弯曲模进行多工位冲裁、弯曲、落料或切断等工艺成形。

图 1-40 所示为进行冲孔、切断和弯曲的级进弯曲模。导料板对条料进行导向并将条料从刚性卸料板下面送至挡块 5 右侧定位。上模下行，条料被凸凹模 3 和凹模 1 切

断，同时切断的坯料被压弯成形，冲孔凸模 2 在条料上冲出孔。上模上行回程时，卸料板卸下条料，在弹簧的作用下由顶件销 4 推出工件，从而获得侧壁带孔的 U 形弯曲件。

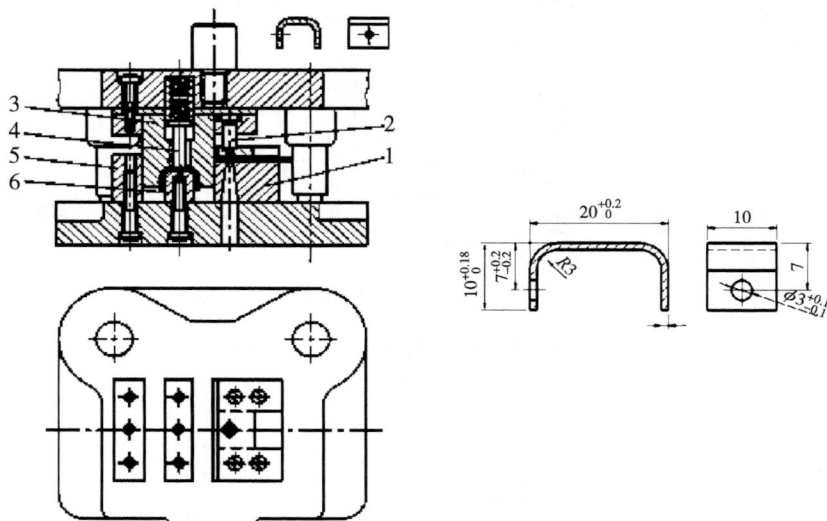

1—凹模；2—冲孔凸模；3—凸凹模；4—顶件销；5—挡块；6—弯曲凸模

图 1-40　级进弯曲模

三、复合弯曲模

常规下，料厚≤3mm，外形尺寸在 100mm 以内的弯曲件，可以采用复合模进行弯曲，即压力机在一次工作行程内，在模具同一位置上完成冲孔、落料、弯曲等几种不同的工序。

图 1-41（a）（b）所示分别为切断、弯曲复合模结构。图 1-41（c）所示为图 1-42 所示 Z 形弯曲件的模具结构。毛坯定位后，先弯曲再冲孔、落料。模具结构紧凑，工件精度高，但模具工作零件的修磨和调整较困难。

通过分析以上弯曲模具结构发现，弯曲模的结构主要取决于弯曲件的形状及弯曲工序的安排。其结构要点如下：① 弯曲模的定位要准确、可靠，尽可能水平放置。多次弯曲最好使用同一基准定位。②弯曲模具结构要能防止毛坯在变形过程中发生偏移；毛坯的放置和制件的取出要方便、安全，操作简单。③模具结构尽量简单并便于修理调整。在进行弹性大的材料弯曲时，应考虑凸模、凹模制造加工与试模、修模的可能性，以及强度和刚度的要求。

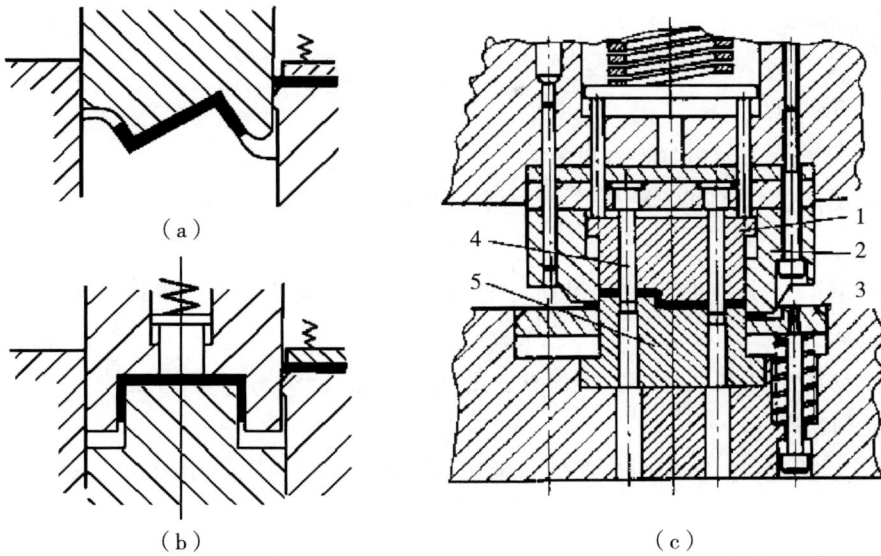

（a）

（b）

（c）

1—顶件块；2—落料凹模；3—卸料板；4—冲孔凸模；5—凸凹模

图1-41　复合弯曲模

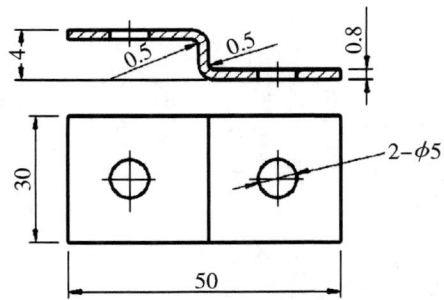

图1-42　Z形弯曲件

课后练习

一、填空题

1. 弯曲模按工序组合形式可分为_____、_____和_____。

2. 开底凹模用于冲压精度要求不高的弯曲件,有底凹模用于弯曲有_____的弯曲件。

3. 弯曲时,毛坯的定位要准确、可靠,尽可能水平放置。多次弯曲尽可能使用_____基准定位。

4. 为防止毛坯在变形中发生偏移,毛坯上可加工_____进行定位。

二、判断题

1. 压力机在一次行程中,在模具的不同位置上完成多道冲压工序的模具,称为级进模。(　　)

2. 弯曲件形状及弯曲工序的安排决定了弯曲模的结构。(　　)

3. 复杂的弯曲模除垂直运动外,还做水平运动。(　　)

三、问答题

1. 图 1-43 用了压弯、辊弯、折弯、拉弯、成形,试判定(a)(b)(c)(d)分别用了哪种成形方法。

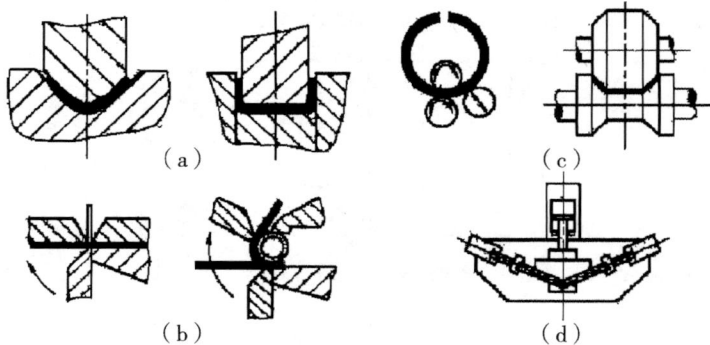

图 1-43　各种弯曲方法

2. 分析图 1-44 所示模具的结构,写出图中序号模具零件的名称。

3. 分析图 1-45 所示的 Z 形弯曲模,并回答问题。

(1)补全模具零件的名称:1—_____;2—反侧压板;3—_____;4—_____;5—上模座;6—压块;7—橡胶;8—凸模托板;9—_____;10—_____;11—下模座。

(2)该模具为了防止坯料偏移,采用了_____和_____两种措施。

(3)该模具没有闭合时,凸模 4 与凸模 9 的下端应_____(平齐、不平齐)。上

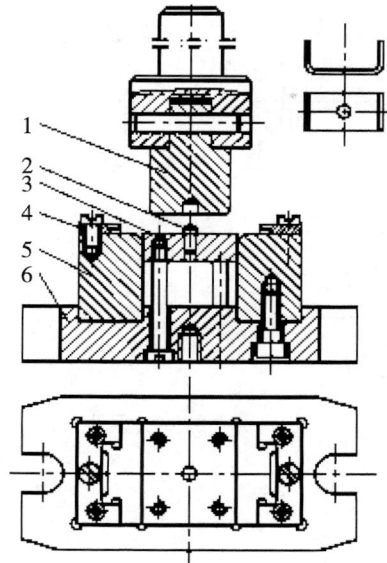

图 1-44 U 形弯曲模

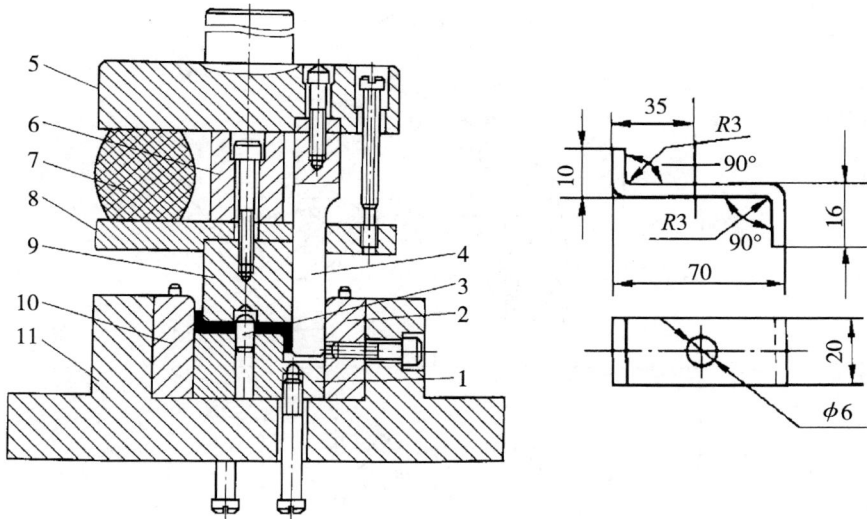

图 1-45 Z 形弯曲模

模下行时，_____与_____将坯料先夹紧。该模具先弯制工件的_____端再弯_____端，当_____与上模座接触后，零件得到校正。弯曲成形后，由_____将制件顶出凹模。

4. 分析图 1-46 和图 1-47，并回答问题。

（1）补全零件名称：5—_____；6—_____；7—_____；8—_____；10—_____。

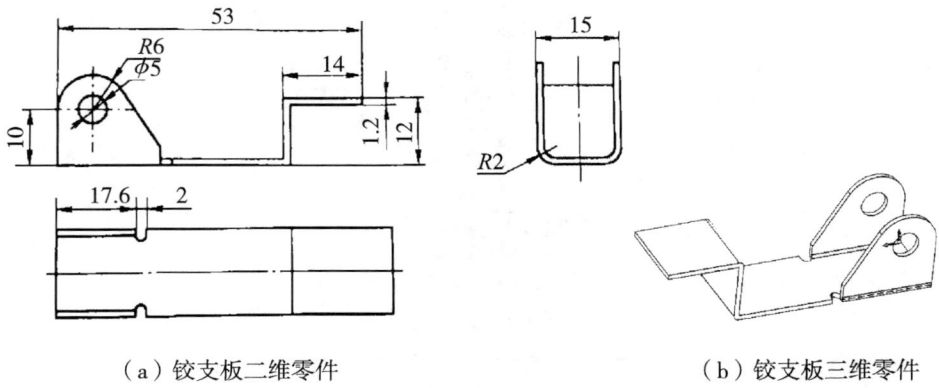

（a）铰支板二维零件　　　　　　　　　（b）铰支板三维零件

图1-46　铰支板零件

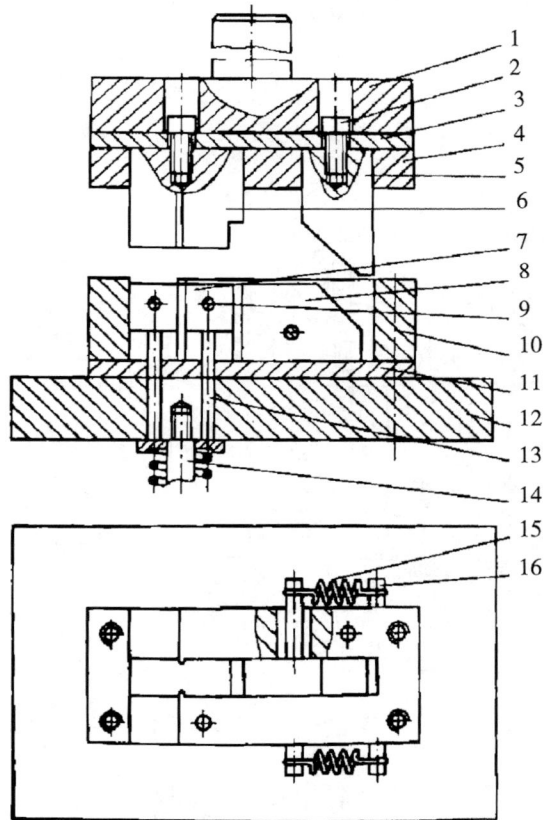

1—上模座；2—螺钉；3—上垫板；4—凸模固定板；5—?；6—?；7—?；8—?；9，16—销轴；
10—?；11—下垫板；12—下模座；13—顶杆；14—弹顶器；15—弹簧

图1-47　铰支板模具装配示意

（2）该模具的弯曲工艺可分为两部分：左边为＿＿＿＿＿＿＿形弯曲，右边为＿＿＿＿＿＿＿形弯曲。

（3）该模具右边的弯曲仅靠模具的上、下方向运动是不能实现的，需要利用＿＿＿＿＿＿＿和＿＿＿＿＿＿＿的斜面接触，产生水平方向的运动来实现。

5. 分析图 1-48，并回答问题。

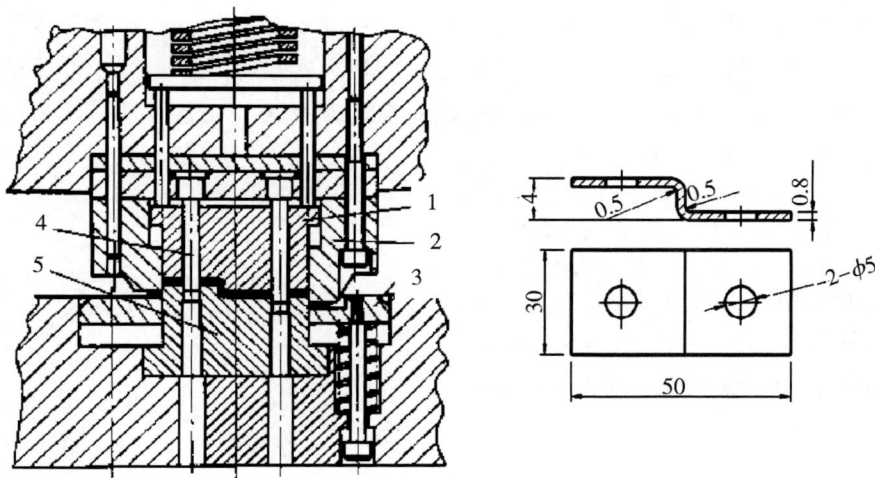

图 1-48　弯曲模具装配示意

（1）根据工序组合形式进行分类，该模具的结构形式属于＿＿＿＿＿＿＿模。

（2）压力机在一次行程中，在模具同一位置能完成＿＿＿＿＿＿＿、＿＿＿＿＿＿＿和＿＿＿＿＿＿＿三道工序。

（3）该模具毛坯定位后，先＿＿＿＿＿＿＿，再＿＿＿＿＿＿＿和＿＿＿＿＿＿＿。

（4）填写零件名称：1—＿＿＿＿＿＿＿；2—＿＿＿＿＿＿＿；3—＿＿＿＿＿＿＿；4—＿＿＿＿＿＿＿；5—＿＿＿＿＿＿＿。

（5）该模具的退料方式为：＿＿＿＿＿＿＿、＿＿＿＿＿＿＿和＿＿＿＿＿＿＿。

单元4 拉深模

拉深零件的形状各式各样，拉深特点和变形规律也各不相同。按使用拉深设备的不同可分为单动拉深、双动拉深和三动拉深；按板料在拉深成形过程中厚度的变化可分为变薄拉深和不变薄拉深；按零件的形状可分为圆筒形件拉深、曲面零件拉深、盒形件拉深和复杂形状零件拉深等。

【知识目标】

①认识并掌握单工序拉深模的典型结构；
②认识并掌握复合拉深模的典型结构；
③认识并掌握级进拉深模的典型结构。

【素养目标】

①培养学生安全文明生产和良好行为规范的意识；
②提高学生观察问题、分析问题、解决问题的能力；
③培养学生读图识图、规范操作设备的能力。

拉深模的结构相对较简单，但结构类型较多，按工序组合程度不同，可分为单工序拉深模、复合拉深模与级进拉深模。

一、单工序拉深模

单工序拉深模可分为首次拉深模和后续拉深模。图 1-49 所示为单工序拉深模的典型结构。

1. 首次拉深模

图 1-50（a）所示为无压料装置的首次拉深模，拉深件直接从拉深凹模底下落下。为了从拉深凸模上卸下拉深件，在拉深凹模下装有卸件器，当工作行程结束时，凸模上行回程，卸件器把拉深件卸下。拉深模中，凸模上钻有通气孔，便于卸下制件。若板料较厚，拉深件深度较浅，拉深后制件有一定的回弹。回弹引起拉深件口部张大，凸模回程时，凹模下平面挡住拉深件口部而自然卸下拉深件，此时可以不配备卸件器。这种拉深模具结构简单，适用于拉深板料厚度较大、深度较浅的拉深件。

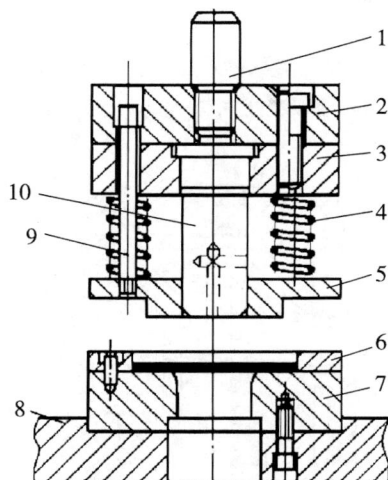

1—模柄；2—上模座；3—凸模固定板；4—弹簧；5—压边圈；6—定位板；7—凹模；
8—下模座；9—卸料螺钉；10—凸模

图1-49 单工序拉深模结构示意

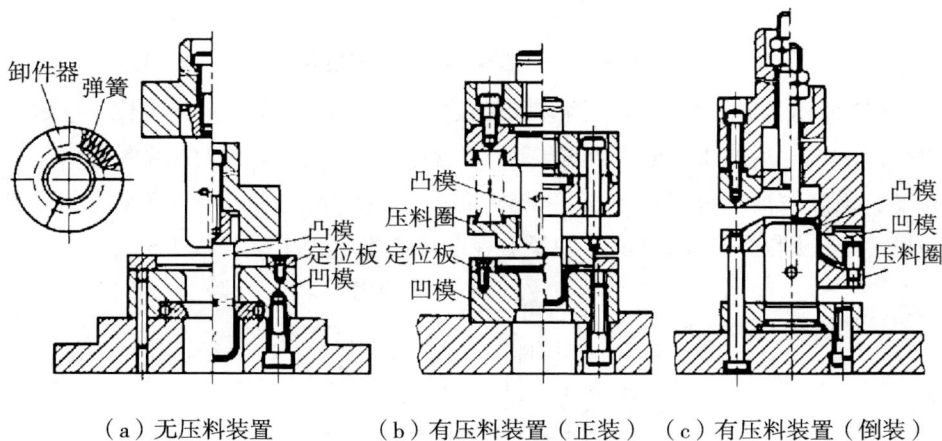

（a）无压料装置 （b）有压料装置（正装） （c）有压料装置（倒装）

图1-50 首次拉深模

图1-50（b）所示为有压料装置的正装式首次拉深模。首先将毛坯放入定位板中定位，接着上模下行，压边圈先将毛坯压紧，防止毛坯在拉深过程中起皱，然后凸模将毛坯材料拉入凹模中，最后当凸模将制件完全向下拉出凹模孔口后，如果材料的回弹大，制件将从下模座下面直接落下，如果制件被凸模带出凹模型孔，则由压孔圈将其卸下，如果卡在凹模孔口中，则由下一次拉深时的制件从下面挤出。该结构的拉深模的压料装置在上模，由于弹性元件的高度受模具闭合高度的限制，因而这种结构的拉深模适用于拉深深度不大的零件。

图1-50（c）所示为倒装式具有锥形压料圈的拉深模，压料装置、气垫装置或弹性元件装在下模部分，工作行程大，可用于拉深高度较大的拉深件，应用广泛。

2. 后续拉深模

图 1-51 所示为无压料装置的后续拉深模。前次拉深后的工件由定位板 6 定位，拉深后工件顺着凹模孔台阶卸下。该模具适用于拉深件直径和壁厚要求均匀、变形程度不大的后续拉深。

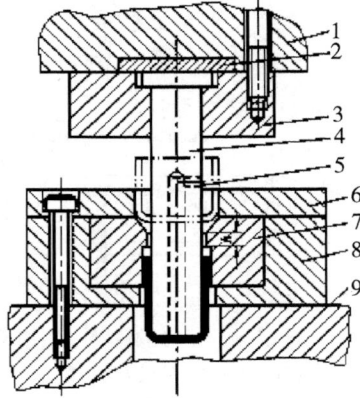

1—上模座；2—垫板；3—凸模固定板；4—凸模；5—通气孔；6—定位板；
7—拉深凹模；8—凹模座；9—下模座

图 1-51 无压料装置的后续拉深模

图 1-52 所示为有压料装置的倒装式后续拉深模。压边圈 4 兼具定位、压料、卸件的作用，前次拉深后的工件套在压边圈上进行定位。压边圈定位的高度应大于前次工件的高度，最好按前次拉深后的工件的内径配作其外径。回程时，拉深完的工件如果包在凸模 3 上，则有压边圈顶出。如果卡在凹模 2 中，则由推件板 1 推出。

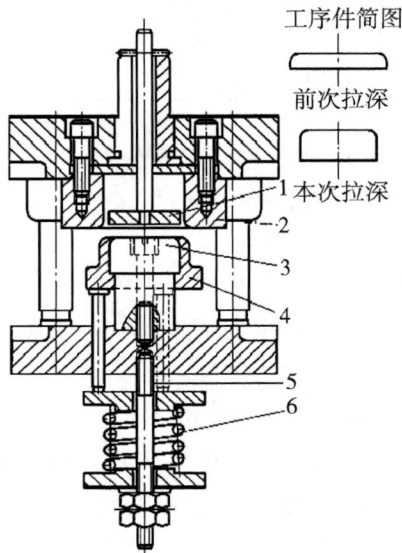

1—推件板；2—凹模；3—凸模；4—压边圈；5—顶杆；6—弹簧

图 1-52 有压料装置的倒装式后续拉深模

二、复合拉深模

图 1-54 所示为图 1-53 拉深件的一副落料拉深复合模。开模时，板料沿导料销送进，由挡料销来定位；合模时，上模下行，卸料板 6 压住板料，凸凹模 3 的外缘（落料凸模刃口）与落料凹模 7 的内孔作用落出拉深用的圆板料。落料完成后，拉深凸模 8 将落料件挤入凸凹模的拉深凹模中，拉深完成。开模时，箍在凸凹模上的板料被弹性卸料板 6 卸下；制件如果包在拉深凸模上，则由下模压边圈 2 顶出；如果制件卡在拉深凹模中，则由上模的刚性推件装置推件板 5 推出。

1—顶杆；2—压边圈；3—凸凹模；4—打杆；5—推件板（块）；6—弹性卸料板；7—落料凹模；8—拉深凸模

图 1-54　拉深件模具

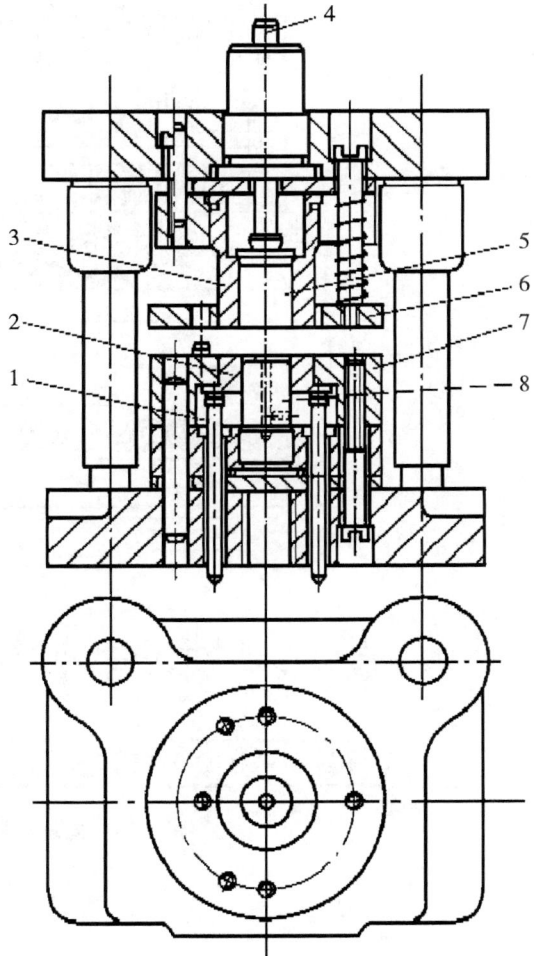

图 1-53　拉深件

三、级进拉深模

对于需要多次拉深的中、小型制件，往往需要若干个拉深模，如将这些模具按顺序排列在一起，可得到一个级进拉深模。这样不仅可简化工序和少占用冲床，还解决了小件装料和出料的困难，从而缩短了制件的制造周期，提高了生产率，降低了成本。图 1-55 为黄铜管帽级进拉深模。

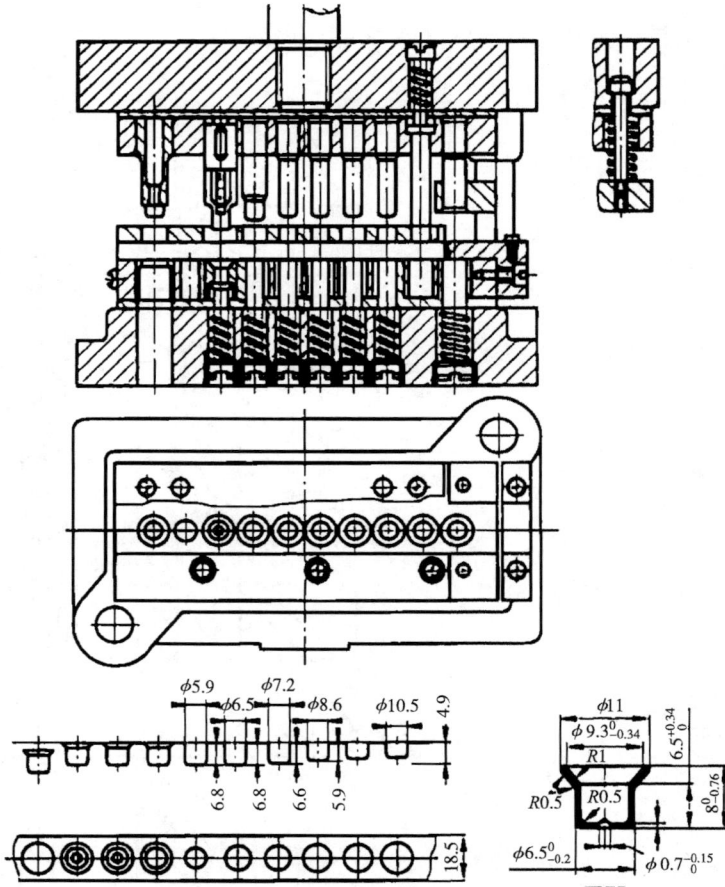

图 1-55 黄铜管帽级进拉深模

46

📋✓ **课后练习**

一、填空题

1. 为了便于脱模，拉深凸模通常需要设计_____。

2. 拉深模的凸模和凹模与冲裁模不同，它们都有一定的_____，而不是锋利的刃口，其拉深间隙一般稍大于_____。

3. 根据压边方式，拉深模可分为_____和_____的结构。

4. 拉深模可根据拉深顺序分为_____和_____。

5. 对于复杂形状的拉深件，通常是先做好_____模进行试模，然后再制造_____。

二、判断题

1. 拉深零件高度越小，则越容易成形。（　　　）

2. 拉深时，在拉深凸模表面与拉深凸模接触的毛坯表面可以涂润滑油。（　　　）

3. 拉深模凹模圆角太大，拉深时制件容易出现起皱；圆角半径太小，制件容易出现表面擦伤、裂纹或破裂。（　　　）

4. 拉深时，若压边力太大，拉深件容易起皱；若压边力太小，拉深件容易拉裂。（　　　）

5. 最后一道工序的拉深模，如果拉深件标注内形尺寸，应以凹模为基准。（　　　）

三、看图填空题

1. 分析图 1-56 所示的拉深模结构，并回答问题。

（1）写出模具零件的名称：5—_____；7—_____；10—_____。

（2）该模具能完成的冲压工序是_____，属于_____压边圈的_____拉深模，且压边圈装在上模，拉深凹模装在下模。

（3）单工序拉深模的定位对象为单个毛坯，该模具使用的定位元件为_____。

（4）拉深结束后，由于制件的回弹，理论上制件不会卡在凸模上，但是凸模必须设计_____。如果制件被凸模带出凹模型孔，由_____将其从凸模上卸下；如果制件卡在凹模孔口，则下一个工件拉深时从凹模的漏料孔被挤出。

（5）压边圈起到了_____和_____的双重作用。

2. 分析图 1-57 所示的拉深模结构，并回答问题。

（1）写出模具零件的名称：1—上垫板；2—卸料螺钉；3—限位板；4—下固定板；5—顶杆；6—橡胶；7—下垫板；8—_____；9—压边圈；10—_____；11—推件块；12—打杆。

（2）该模具的定位元件是_____，利用制件的_____定位。

（3）该模具的压边圈兼有三个功能：_____、_____、_____。

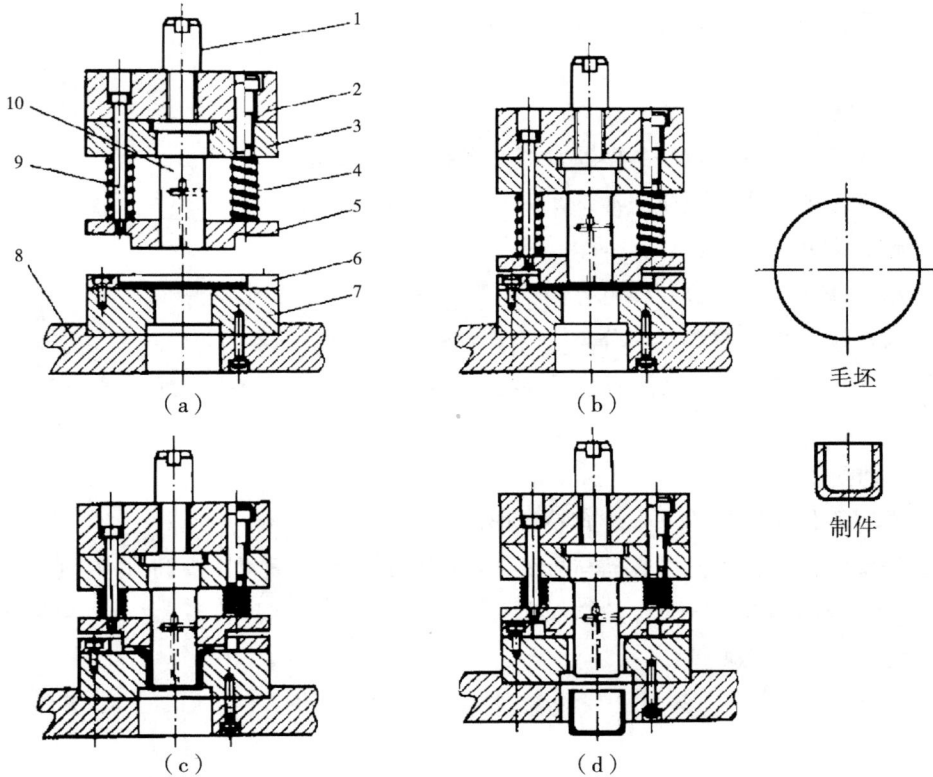

毛坯

制件

1—模柄；2—上模座；3—固定板；4—弹簧；5—?；6—定位板；
7—?；8—下模座；9—卸料螺钉；10—?

图 1-56　结构式桶形件拉深模

（4）加工结束后制件如果包在拉深凸模上，则由下模的_____顶出；如果卡在拉深凹模中，则由上模的_____推出。

（5）该模具加工的拉深工序与前道工序加工的半成品拉深方向_____。

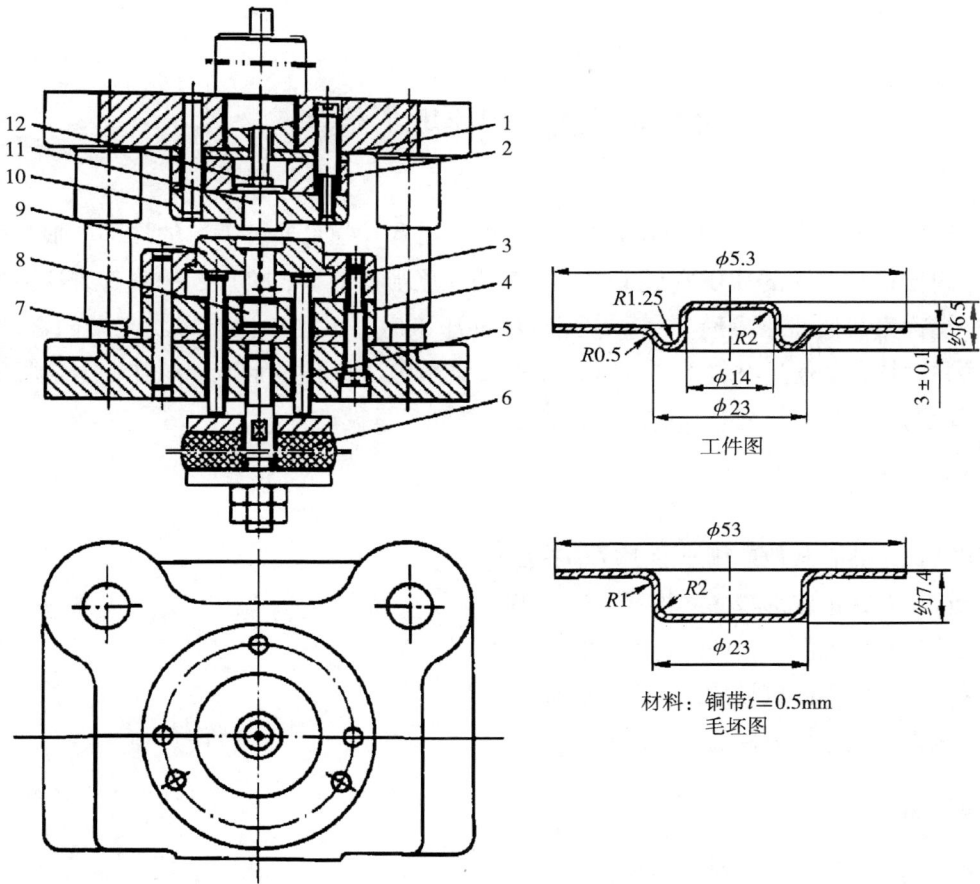

图 1-57　引出环反拉深模

49

单元 5 其他冲压成形模具

冲压生产中，除冲裁、弯曲和拉深工序外，还有一些是通过板料的局部变形来改变毛坯的形状和尺寸的冲压成形工序，如翻边、胀形、缩口、旋压和校形等，这类冲压工序统称为其他冲压成形工序。应用这些冲压工序可以加工许多形状复杂的零件，它们的共同特点是通过材料的局部变形来改变坯料或工序件的形状。生产中，应根据工件不同的成形特点，来合理确定冲压成形工艺和模具设计方案。

【知识目标】

①认识并熟悉其他冲压成形工序的特点；
②认识并熟悉胀形模的结构及工作原理；
③认识并熟悉翻边模的结构及工作原理；
④认识并熟悉缩口模的结构及工作原理；
⑤认识并熟悉校形模的结构。

【素养目标】

①培养学生的自主钻研、善于总结、勇于创新的精神；
②培养学生的观察能力、学习能力和协调能力。

一、其他成形工艺

实际生产中，应用其他成形工序可以加工许多复杂的零件。

图 1-58 所示的冲压产品都是通过材料的局部变形来改变坯料或工序件的形状而制成的，但变形特点差异较大，胀形和翻边属于伸长类成形，成形极限主要受变形区过大

（a）　　　　　　（b）　　　　　　（c）　　　　　　（d）

图 1-58 冲压产品

拉应力而破裂的限制；缩口和翻边属于压缩类成形，成形极限主要受变形区过大压应力而失稳起皱的限制；校形时，由于变形量一般不大，不易产生开裂或起皱，但需要解决弹性恢复影响校形精度等问题；旋压这种特殊的成形方法，可能起皱，也可能破裂等，要根据不同的成形特点，合理设计成形方法和模具。

二、胀形及胀形模

空心坯料的胀形俗称凸肚，是使材料沿径向拉深，将管状坯料或空心工序件向外扩张，胀出所需凸起曲面形状的工序，如壶嘴、皮带轮、波纹管等。

1. 刚性模具胀形

图1-59所示为刚性凸模胀形，凸模做成分瓣式，利用锥形芯块将分瓣凸模2顶开，使工序件胀出所需形状。分瓣凸模的数目越多，工件形状和精度越好。缺点是很难得到精度较高的旋转体，模具结构复杂，变形也不均匀。

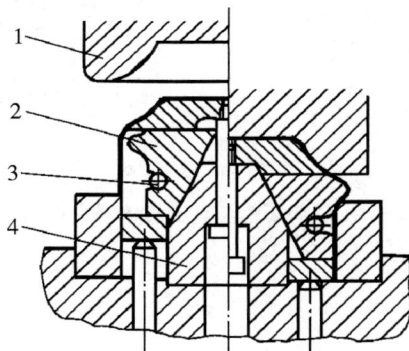

1—凹模；2—分瓣凸模；3—拉簧；4—锥形芯块

图1-59　刚性凸模胀形

2. 软模胀形

图1-60所示为软凸模胀形，其原理是利用橡胶（或聚氨酯）、气体、液体等代替刚性凸模。软凸模胀形时坯料变形均匀，能制成形状复杂的零件，所以被广泛应用于生产中。图1-60（a）所示是橡胶胀形。图1-60（b）所示是液压胀形的一种，胀形前先在预先拉深成的工序件内灌注液体5，上模下行，侧楔4使分块凹模2合拢，然后在凸模1的压力下将工序件胀形成所需形状的制件。

3. 轴向压缩与高压液体联合作用的胀形方法

图1-61所示为轴向压缩与高压液体联合作用的胀形方法。开模时，先将管坯放置于下模3，然后将上模1压下，再使两端的轴头2压紧管坯4端部，继而由轴头中心孔通入高压液体，在高压液体与轴向压力的共同作用下胀形，从而得到所需形状的零件。例如，自行车管接头、高压管接头等都是通过这种方法获得的。

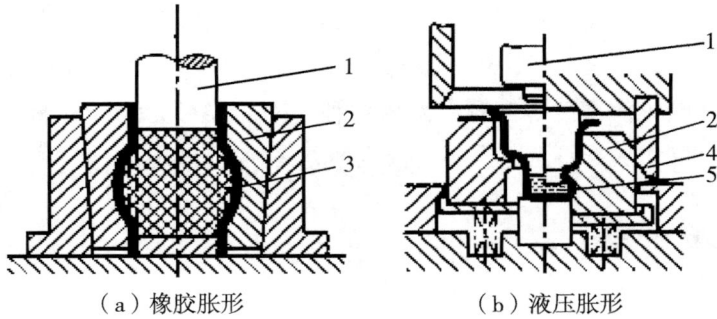

（a）橡胶胀形　　　　　　（b）液压胀形

1—凸模；2—分块凹模；3—橡胶；4—侧楔；5—液体

图1-60　软凸模胀形

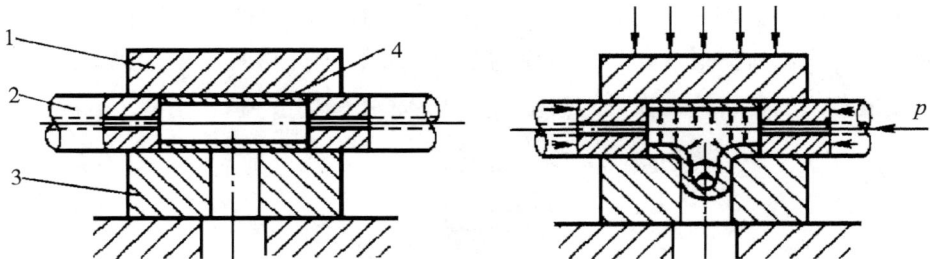

1—上模；2—轴头；3—下模；4—管坯

图1-61　轴向压缩与高压液体联合作用胀形

三、翻边及翻边模

在模具的作用下，将坯料的孔边缘或外边缘冲制成竖立边的成形方法，称为翻边。根据坯料应力、应变状态和边缘状态的不同，翻边可分为内孔翻边和外缘翻边。

图1-62所示为内孔翻边模，其结构与拉深模相似。图1-63所示为内孔、外缘同时翻边的模具。

图1-64所示为落料、拉深、冲孔、翻边复合模。凸凹模8与落料凹模4均固定在固定板7上，以保证同轴度。冲孔凸模2固定在凸凹模1内，并通过垫片10调整它们的高度差，以控制冲孔前的拉深高度。该模具的工作过程是：上模下行，首先在凸凹模1和落料凹模4的作用下落料。上模继续下行，在凸凹模1和凸凹模8的相互作用下对坯料进行拉深，弹顶器通过顶杆6和顶件块5对坯料施加压力。当拉深到一定高度后，由冲孔凸模2和凸凹模8进行冲孔，并由凸凹模1和凸凹模8完成翻边。当上模回程时，在顶件块5和推件块3的作用下将工件推出，条料由卸料板9卸下。

变薄翻边经常用于平坯料或工序件上冲压小螺纹孔，为保证螺纹孔连接强度，用变薄翻边的方法可增加竖边高度，其凸模如图1-65所示。

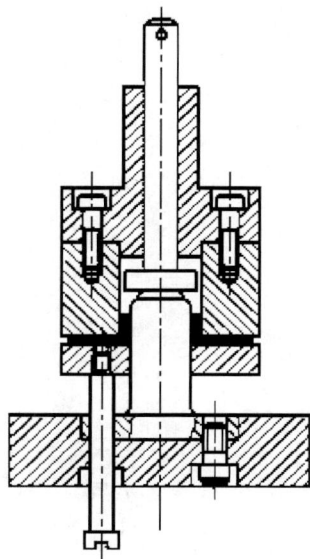

图1-62 内孔翻边模

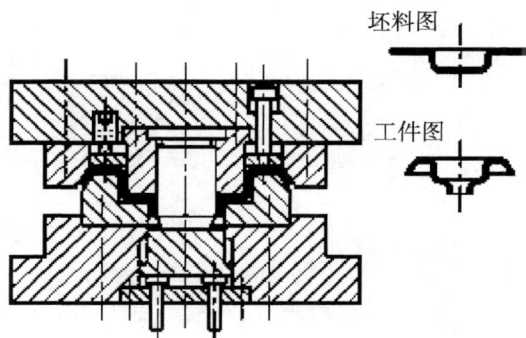

图1-63 内孔、外缘翻边模

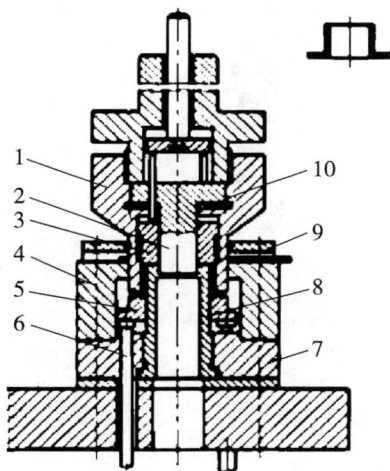

1—凸凹模；2—冲孔凸模；3—推件块；4—落料凹模；5—顶件块；
6—顶杆；7—固定板；8—凸凹模；9—卸料板；10—垫片

图1-64 落料、拉深、冲孔、翻边复合模

四、缩口及缩口模

将管坯或预先拉深好的圆筒形件通过缩口模将其口部直径缩小的一种成形方法称为缩口。缩口工艺在国防、民用工业中应用广泛，如枪炮的弹壳、钢气瓶等都是通过缩口工艺制造的。

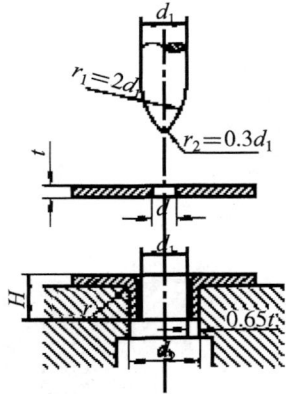

图 1-65 小螺纹孔的翻边

图 1-66 所示为不同支承方法的缩口模。图 1-66（a）所示为无支承形式，其模具结构简单，但缩口过程中坯料稳定性差，允许缩口系数较大。图 1-66（b）所示为外支承形式，缩口时坯料的稳定性较前者好。图 1-66（c）所示为内外支承形式，其模具结构较前两种复杂，缩口时坯料的稳定性最好，允许缩口系数为三者中最小。图 1-67 所示为有夹紧装置的缩口模。图 1-68 所示为可以得到特别大的直径差的缩口与扩口复合模。

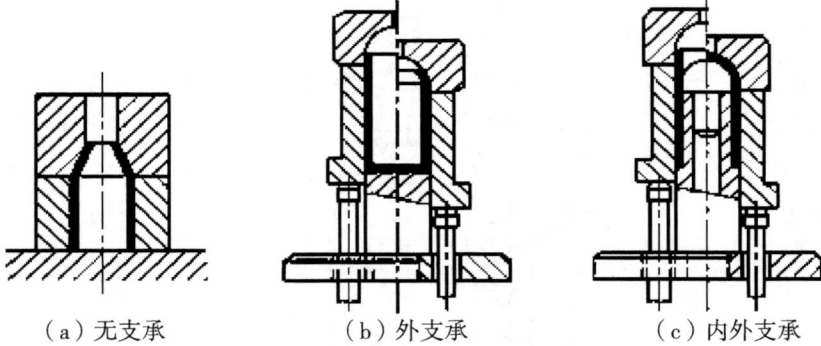

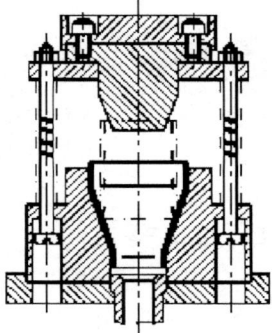

（a）无支承　　　　　　　（b）外支承　　　　　　　（c）内外支承

图 1-66 不同支承方法的缩口模

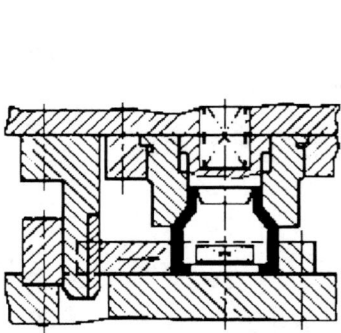

图 1-67 有夹紧装置的缩口模　　　**图 1-68 缩口与扩口复合模**

五、校形及校形模

校形通常是指平板工序件的校平和空间形状工序件的整形。校形工序大都在冲裁、弯曲、拉深等工序之后进行，以便使冲压件获得高精度的平面度、圆角半径和形状尺寸，在冲压生产中具有相当重要的意义，应用非常广泛。

1. 校平

校平是指把不平整的工件放入模具内压平的工序。校平工序主要用于提高平板零件的平面度。条料不平或者冲裁过程中材料的穹弯（如无压料的级进模冲裁和斜刃冲裁），都会使冲裁件产生不平整等缺陷，在零件的平面度有要求时，必须在冲裁后加校平工序。校平方式通常有三种：模具校平、手工校平和在专门校平设备上校平。

2. 整形

零件的整形是指在弯曲、拉深或其他成形工序后对工序件的整形，如图 1-69 所示。在整形前工序件已基本成形，但可能圆角半径还太大，或是某些形状和尺寸未达到产品的要求，这样可以借助整形模使工序件产生局部变形，以达到提高精度的目的。整形模与前一道工序的成形模相似，但对模具工作部分的精度、粗糙度要求会更高。拉深件的整形如图 1-70 所示。

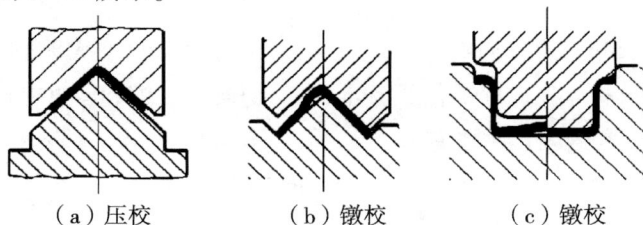

| （a）压校 | （b）镦校 | （c）镦校 |

图 1-69　弯曲件的整形

校平和整形工序的共同特点：①只在工序件局部位置使其产生塑性变形，以达到提高零件的形状和尺寸精度的目的。②由于校形后工件的精度比较高，因而对模具精度的要求也相应提高。③校形时所用设备最好为精压机。若用机械压力机，机床应有较好的刚度，并装有过载保护装置，以防材料厚度波动等原因造成设备损坏。

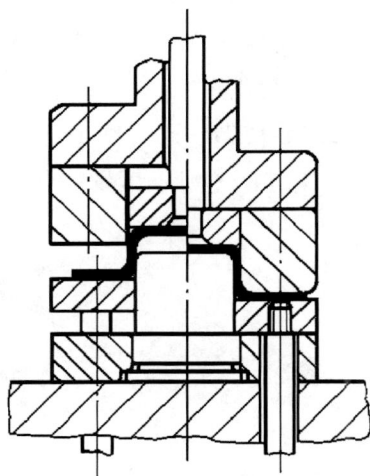

图 1-70　拉深件的整形

📋 课后练习

一、填空题

1. 塑性变形工序除弯曲和拉深外，其他成形工序包括_____、_____和_____等。

2. 起伏成形，主要用于增加零件的_____、_____和_____，如压制加强筋、凸包、凹坑、花纹图案及标记等。

3. 空心坯料胀形方法一般分为_____和_____两种。

4. 为保证翻边竖立边缘的挺直，翻边模单边间隙值应略_____材料的厚度。

5. _____大都是在冲裁、弯曲、拉深等工序之后进行，以便使冲压件获得高精度的平面度、圆角半径和形状尺寸。

二、选择题

1. 除弯曲和拉深以外的成形工艺中，_____均属于伸长类变形，其主要质量问题是拉裂。

A. 校平、整形、旋压　　　　　　B. 缩口、翻边、挤压
C. 胀形、内孔翻边　　　　　　　D. 胀形、外缘翻边中的内凹翻边

2. 圆孔翻边，主要的变形是坯料_____。

A. 切向的伸长和厚度方向的收缩　　B. 切向的收缩和厚度方向的收缩
C. 切向的伸长和厚度方向的伸长　　D. 切向的收缩和厚度方向的伸长

3. 影响翻边系数的因素主要有_____。（多选）

A. 材料的塑性　　　　　　　　　B. 孔的边缘
C. 材料的相对厚度　　　　　　　D. 翻边凸模的形状

4. 校平的方式通常有_____。（多选）

A. 模具校平　　B. 手工校平　　C. 专门校平设备上校平　　D. 加热校平法

三、问答题

1. 图 1-71（a）、图 1-71（b）所示为翻边零件的实物图，二者加工工艺和模具结构的工作零件有什么区别？

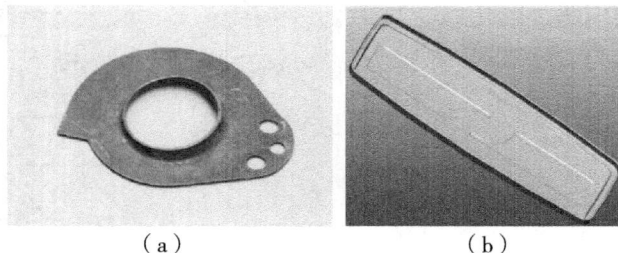

（a）　　　　　　　　　　　（b）

图 1-71　翻边零件

2. 图 1-72 所示为拉深件，要得到平整光滑的外形，采用何种加工工艺和模具结构？

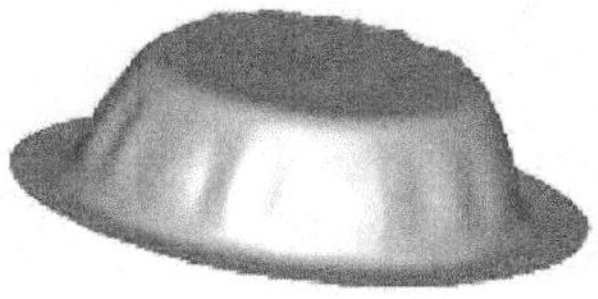

图 1-72　拉深件

3. 图 1-73 所示为翻孔零件及模具，材料为黄铜，$t = 2mm$，内孔、外孔尺寸如图 1-73（a）所示，在图 1-73（b）中标出翻孔凸模和凹模并标注工作部分的基本尺寸。

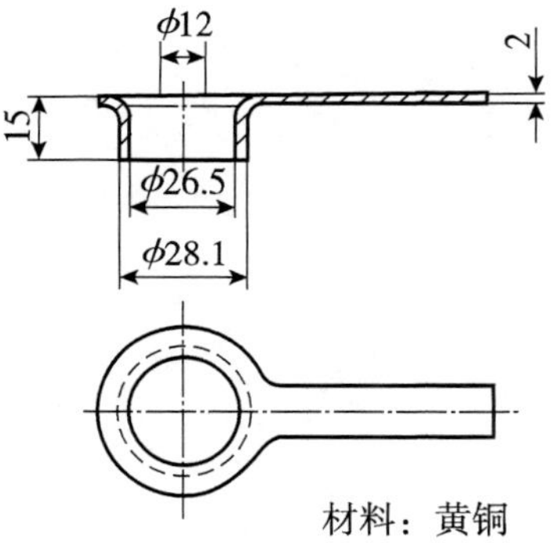

（a）零件 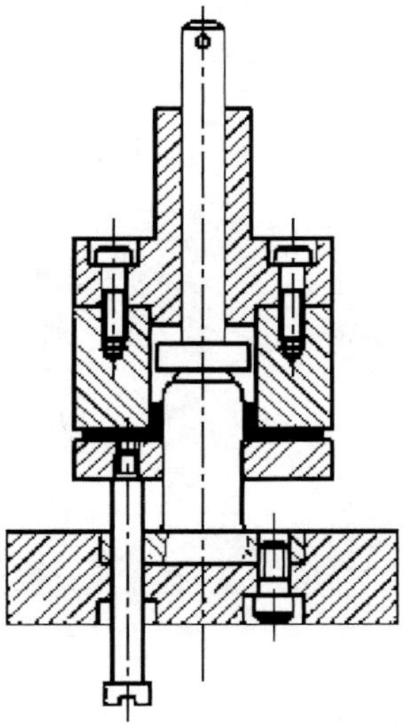　　　　　　　　（b）模具

图 1-73　翻孔零件及模具

模块二　塑料模具

　　塑料工业发展速度非常迅猛，从问世至今仅有一百多年的时间，涉及汽车、航空航天、建筑、化工、医疗、家电、仪器仪表等诸多领域，塑料已成为我们日常生活中的必需品。我国塑料工业虽然起步较晚，但经过几十年的发展，目前也已经跻身世界前列。

单元 1 塑料与塑料模具

图 2-1 是我们日常生活中经常见到的一些塑料制品。

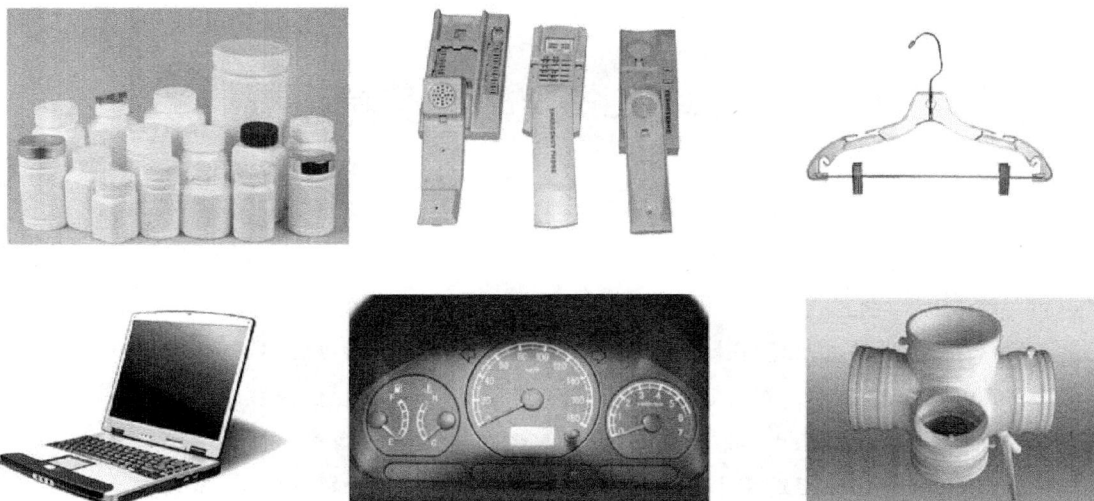

图 2-1 常见的塑料制品

【知识目标】

①了解塑料的概念及常用分类，熟悉工业及生活中常见的塑料代号及其性能；

②掌握注塑成型原理、成型工艺过程；

③了解注塑机的工作过程、注塑机与所用模具的关系；

④熟悉注塑模的结构组成。

【素养目标】

①渗透专业知识，激发学生对专业的兴趣；

②培养学生安全文明生产和遵守操作规范、规程的意识；

③培养学生精益求精、一丝不苟的工匠精神；

④培养学生观察能力、学习能力和协调能力。

一、认识塑料

1. 塑料的组成

塑料的主要成分是树脂，除树脂外还有一部分添加剂。

2. 塑料的分类

（1）按热性能分类

目前塑料种类繁多，为了便于识别和应用，通常对塑料进行分类，常用的一种分类方法是按其热性能分类，分为热塑性塑料和热固性塑料。

① 热塑性塑料。热塑性塑料能够反复加热软化和冷却硬化，所以可以回收并再次使用，如图 2-2（a）所示。

②热固性塑料。热固性塑料在加热之初，可加工成一定形状的塑件；当继续加热，温度达到一定值时，形状固定后就不再有变化了，这种变化过程是不可逆的。这种加热固化后不会再反复变形的塑料称为热固性塑料，如图 2-2（b）所示。

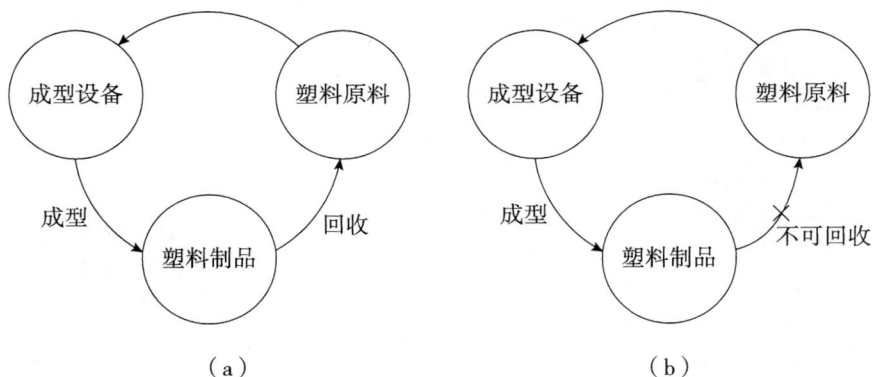

（a）　　　　　　　　　　　（b）

图 2-2　热塑性塑料和热固性塑料

（2）按用途分类

另一种常用的分类方法是按用途分类，可分为通用塑料、工程塑料和特殊塑料。

①通用塑料。一般是指出产量大、用途广泛、价格低廉的塑料。主要包括 6 个塑料品种：聚乙烯、聚丙烯、聚氯乙烯、聚苯乙烯、酚醛塑料和氨基塑料。

②工程塑料。一般在工程中用来作结构材料的塑料称为工程塑料。它能承受一定的外力作用，还具有力学性能良好，耐高温、耐磨、耐蚀，尺寸稳定性较好的特点，因而可以作为某些机械构件的材料，如聚酰胺、聚砜、聚甲醛、聚碳酸酯、ABS 塑料、聚苯醚和聚四氟乙烯等都是工程塑料。

③特殊塑料。具有某些特殊性能的塑料称为特殊塑料。特殊塑料的耐热性、电绝缘性和耐腐蚀性良好，如常用的氟塑料、环氧塑料、有机硅塑料等就是特殊塑料。

3. 常用塑料的用途

（1）常用热塑性塑料的性能和用途（如表 2-1 所示）

表 2-1　　　　　　　　　　常用热塑性塑料的性能和用途

塑料名称	性能	用途
聚氯乙烯（PVC）	①强度较高，质硬； ②介电性能好； ③化学稳定性好，抗酸碱能力强； ④耐热性不高； ⑤原料来源丰富，价格低廉	①硬质：管材、棒材、各种管接头、三通阀； ②软质：薄膜，塑料管，塑料带等
聚苯乙烯（PS）	①无色、透明、有光泽； ②化学性能稳定； ③抗拉、抗弯强度较高； ④耐热性不高； ⑤质脆，耐冲击性能较差； ⑥耐磨性较差； ⑦导热系数小	透明性很好，常用于制作仪器仪表的外壳、指示灯罩、电气结构零件等
聚乙烯（PE）	①产量占首位； ②理想的高频和超高频绝缘材料； ③耐热性不好，但耐寒性较好； ④化学稳定性好，可溶性差； ⑤耐水性好，易老化； ⑥强度、硬度较低	电气绝缘零件，电线、电缆的绝缘层，吹塑薄膜包装材料，管材，单丝绳，机械零件和日用品
聚丙烯（PP）	①材料充足，价格便宜； ②耐热性较好，可在 100~120℃ 长期使用； ③耐寒流性较差，-35℃ 时会发生脆裂； ④抗拉强度、抗弯强度较好，刚度和伸长率好； ⑤耐磨性较差； ⑥易降解、老化	板材、管材、绳、薄膜、瓶子、法兰、管接头、叶轮、阀门配件、电气绝缘零件
聚酰胺（PA）	①抗拉强度、硬度、耐磨性和自润性很好，其耐磨性高于铜和铜合金； ②良好的耐冲击性和耐疲劳强度； ③不耐强酸和氧化剂； ④耐热性不高，使用温度小于80℃	①减磨、耐磨零件及传动件，轴承、齿轮、凸轮、滑轮、衬套、铰链等； ② 电器、仪表、电子设备的骨架、垫圈、支架、外壳等； ③阀座、密封圈、单丝、薄膜及日用品

塑料名称	性能	用途
聚甲醛（POM）	①综合力学性能好，强度、硬度高； ②比刚度和比强度大； ③耐疲劳强度高，冲击韧性和耐磨性好； ④摩擦系数小； ⑤耐热性较好； ⑥热稳定性较差，加热时易分解； ⑦易老化； ⑧良好的耐溶剂性； ⑨不耐强酸、强碱	①良好的工程塑料，代替金属制造结构零件，在汽车、机械、精密仪器、电器、电子、日用品、建材方面应用广泛； ②水管阀门、箱盖、齿轮、轴承、弹簧、凸轮、螺栓、螺母、泵体、壳体、叶片、凸轮盘等
聚碳酸酯（PC）	①优良的力学性能，抗拉强度较高，抗冲击和抗蠕变能力强； ②制品尺寸稳定； ③耐疲劳强度低，易老化、易开裂； ④摩擦系数较大，耐磨性较差； ⑤耐热性较好，可达130℃，并有良好的耐寒性； ⑥化学稳定性较好； ⑦透光率很高，介电性能好	①传动零件、齿条、齿轮、蜗轮蜗杆、凸轮、棘轮、轴、杠杆等； ②低转速耐磨件、轴承、导轨； ③电气绝缘件、插座、管座、电气结构件； ④大型透光件，大型灯罩、门窗玻璃； ⑤医疗器械
丙烯腈-丁二烯-苯乙烯共聚物（ABS）	①强度、硬度、耐热性较高，化学稳定性好； ②弹性较高，有良好的冲击韧性； ③优良的介电性能和成型加工性能； ④良好的耐磨性； ⑤尺寸稳定、表面有光泽、可抛光和电镀； ⑥综合性能优良	良好的综合性能，在机械、电气、轻工、汽车、飞机、造船、日用品方面得到广泛应用，如制造电机外壳、电话机壳、仪器、仪表盘、管道、电视机、收音机、洗衣机、计算机外壳等
聚砜（PSF）	①耐高温，可长期使用在温度变化大的场合； ②力学性能好，并能在高温下保持其性能； ③良好的抗蠕变性能； ④化学性能稳定； ⑤在恶劣环境中能保持良好的电性能	①制造钟表、照相机等精密零件； ②高温下使用的制品：热水阀、冷却系统器具、电池组外壳、防毒面具、轴承、耐高温线圈骨架等； ③活塞环、轴承保持器等耐磨件； ④温水泵泵体、微型电容器； ⑤医疗用外科容器等

塑料名称	性能	用途
聚甲基丙烯酸甲酯（有机玻璃，PMMA）	①透明性很好、质轻、强度高； ②着色性能好； ③使用温度较高，可在60~100℃使用； ④冲击韧性好； ⑤化学稳定性良好； ⑥表面硬度不高，易被划伤； ⑦质脆，易开裂	①板材、管材、棒材； ②飞机、舰船、汽车玻璃窗； ③制造防振波动的仪表盘和仪表壳，以及油标、光学玻璃及纽扣等
氟塑料（FP）	①耐热和耐寒性好； ②化学稳定性好，腐蚀性好； ③自润性好； ④介电性能及高频绝缘性能好； ⑤力学性能不高，刚度差	①三油封、轴承、活塞杆等； ②化工设备的衬里、管道、阀门、泵体； ③医疗器械； ④防腐、介电、防潮、防火涂料

（2）常用热固性塑料的性能和用途（如表2-2所示）

表2-2　　　　　　　　　　常用热固性塑料的性能和用途

塑料名称	性能	用途
酚醛塑料（PF）	酚醛塑料是热固性塑料中一种产量比较大的塑料，它是以酚醛树脂为基础原料而制得的。酚醛树脂本身很脆，呈琥珀玻璃状态，必须加入各种纤维或粉末状填料后才能获得具有一定性能的酚醛塑料。 ①刚度好、变形小、耐热、耐磨，能在150~200℃范围内长期使用； ②在水润滑的条件下，摩擦因数极低； ③电绝缘性能优良； ④质脆，抗冲击强度差	①可用于制造齿轮、轴轮、导向轮、无声齿轮、轴承及用于电工结构材料和电气绝缘材料； ②用于制作水润滑冷却下工作的轴承及齿轮等； ③用于制作高温下工作的零件； ④各种线圈架、接线板、电动工具外壳、风扇叶，耐酸泵叶轮、齿轮和凸轮等
氨基塑料（AF）	氨基塑料主要有以下两种： ①脲-甲醛塑料（UF），又称电玉，纯净的脲-甲醛塑料无色透明，着色性能优越； ②三聚氰胺-甲醛塑料（MF），无毒、无味，耐酸碱，耐电弧性较好，做出的制件外观光洁，与脲-甲醛塑料相比，其硬度、耐热性和耐水性都较好，但价格较贵	①UF：插座、开关、旋钮等电子绝缘零件； ②MF：用来做桌面的装饰层压塑料板，也广泛用于制造电子绝缘零件
环氧树脂（EP）	具有优良的性能，最突出的特点是黏结能力很强，是"万能胶"的主要成分；耐热、耐腐蚀，电气绝缘性能良好，收缩率小，力学性能比酚醛塑料好；缺点是质脆、不耐冲击、耐气候性差	用于封装各种电子元件，配以石英粉等能浇铸各种模具，还可以作为各种产品的防腐涂料

二、塑料及塑料制品的生产

塑料工业分为塑料生产和塑料制品生产两大部门，这两个部门相辅相成，互相依赖，缺一不可。本书重点学习塑料制品的生产知识。

塑料的类型、特性以及制品的结构特点的不同，造成塑料制品有多种成型方法，如注塑成型、压缩成型、压注成型、挤出成型等，与之对应的塑料模具称为注塑模、压缩模、压注模、挤出模等，如图2-3所示。

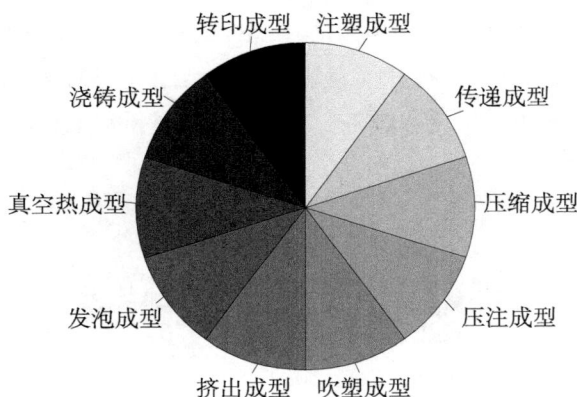

图2-3 塑料制品常用的成型方法

三、注塑成型技术

注塑成型也可称为注射成型，塑料制品中约有1/3是利用注塑工艺制成的。注塑成型可以生产各种尺寸的制件以及结构复杂的制件，小的不足1克，大的可达几百千克。热塑性塑料制品主要是通过注塑成型来制作，这种注塑成型技术也应用于热固性塑料的成型。

1. 注塑成型原理与过程

注塑成型是依靠注塑机（也称注射机）及其相对应的模具来实现的。目前，卧式螺杆式注塑机在工业生产中应用最为广泛，如图2-4所示。

注塑机的作用有两个：一是将塑料加热熔融，并达到黏流状态；二是对黏流态的塑料施加一定的压力，使其顺利进入模具型腔。图2-5所示为螺杆式注塑机注塑成型原理示意。

在注塑机料筒中加入粒状或粉状的塑料原料，待其塑料加热熔融后，注塑机的螺杆将推动熔融的塑料进入料筒前端的喷嘴，再高压注射到闭合状态的模具型腔之中，

图 2-4 卧式螺杆式注塑机

如图 2-5（a）所示；充满型腔的塑料熔体在螺杆的高压下冷却，塑件的形状和尺寸得到固化，如图 2-5（b）所示；打开模具后，取出已经成型的塑件，如图 2-5（c）所示。这个过程就是塑件的一个成型周期。工业生产就是重复上述成型周期。

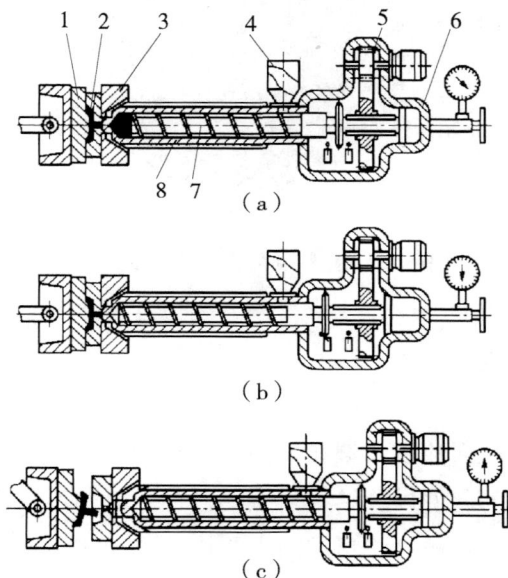

（a）

（b）

（c）

1—动模；2—塑件；3—定模；4—料筒；5—传动装置；6—液压缸；7—螺杆；8—加热器

图 2-5 螺杆式注塑机注塑成型原理示意

2. 注塑成型的工作循环

螺杆式注塑成型工作循环如图 2-6 所示。

3. 注塑机的组成

注塑机主要由五个部分组成，分别是注射装置、合模装置、液压传动系统、电气控制系统和机架。图 2-7 所示为卧式螺杆式注塑机的基本结构。

注射装置的作用是将塑料原料进行均匀塑化，并将塑化好的熔体高压、高速注射

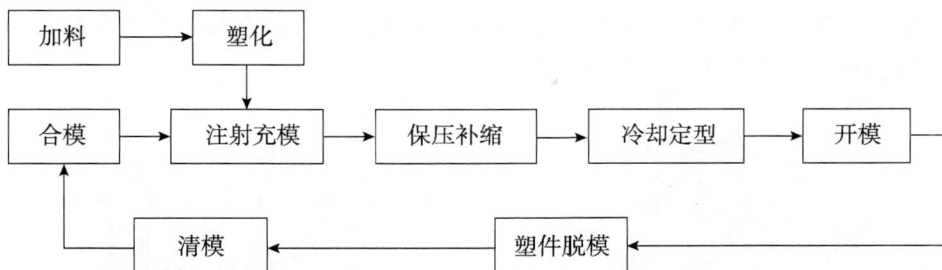

图 2-6　螺杆式注塑成型工作循环

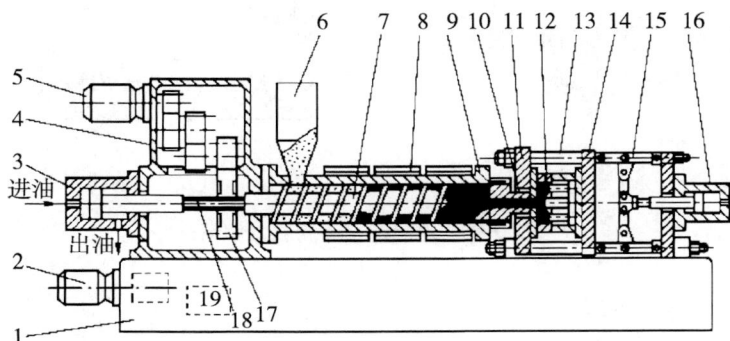

1—机身；2—电机；3—注射液压缸；4—齿轮变速箱；5—电机及齿轮传动箱；6—料斗；7—螺杆；
8—加热器；9—料筒；10—注塑机喷嘴；11—定模安装板；12—注塑模具；13—拉杆；
14—动模安装板；15—合模机构；16—液压缸；17—传动齿轮；18—花键；19—油箱

图 2-7　卧式螺杆式注塑机的基本结构

到闭合的模具型腔中，直至熔体充满型腔。此时，仍需要保持一定时间的压力，使其在型腔中冷却定型。

合模装置的作用是将模具闭合并锁紧，以保证注射时模具能合紧，待塑件成型结束后，打开模具并把塑件顶出。

液压传动系统和电气控制系统的作用是为注塑机提供动力源，并保证注塑机按其动作程序和设置的工艺参数精准地进行工作。

四、注塑成型模具

在我们生活中到处可见塑料制品，如塑料瓶、电视机外壳、手机外壳等。通过之前的学习，我们知道塑料原料为粉料或粒料等，用注塑机将这些小颗粒塑料加热熔融，再高压注射到一个和所需产品有相同形状的型腔中，该型腔由许多零件装配而成。经过一段时间的保压、冷却，就能生产出所需的塑料产品。我们把构成型腔的装配体称为模具，因为要使用注塑机将塑料原料注入模具型腔中，所以称它为注塑模，也可以说是注射模，如图 2-8 所示。目前，注塑模在塑料成型模具产量中占半数以上，主要在热塑性塑料制件生产中发挥着重要作用。

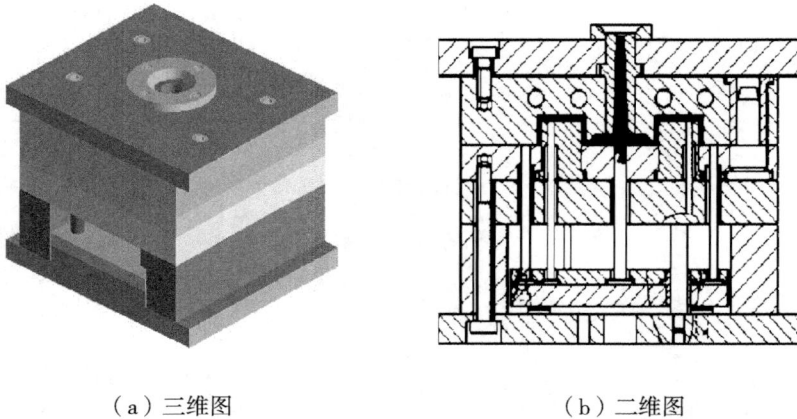

（a）三维图　　　　　　　　　（b）二维图

图 2-8　注塑模三维图和二维图

1. 注塑模的基本组成

注塑模有两大组成部分，即定模和动模，如图 2-9 所示。定模部分安装在注射机的固定模板上，在注塑过程中保持不动。动模部分则安装在注射机的移动模板上，可随注塑机的合模系统移动。在模具导向机构的作用下，动模部分与定模部分闭合，从而构成塑料熔体的浇注系统和模具型腔，塑化好的熔体从注射机喷嘴流入模具浇注系统再充满型腔，待塑件冷却后再开模，动模后退并与定模分离，从而取出塑件。

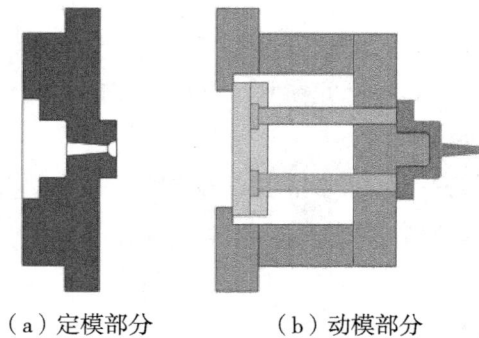

（a）定模部分　　　　　　（b）动模部分

图 2-9　注塑模定模、动模部分

2. 注塑模与注塑机的关系

注塑模只有装在与其相适应的注塑机上才能正常工作。因此，在设计和制造模具时要注重与注塑机的匹配，否则可能出现模具安装不上、生产不出合格的塑件、设备资源浪费等情况。

五、塑料模标准零部件

模架是一套注塑模的整体框架，模具的各个组成零件通过模架这个基体形成有机的组合。模架一般由定模板、动模板、定模座板、动模座板、支承板、推板、推杆固定板、垫块、导柱、导套和复位杆等零件组成，模具的型腔是在模架的基础上加工的。把模架的结构、形式和尺寸等进行标准化，使其零件具有一定互换性，并能成套组合，这样的模架就是标准模架，如图 2-10 所示。我国使用的注塑模标准模架符合国家标准《塑料注射模模架》（GB/T 12555—2006）。

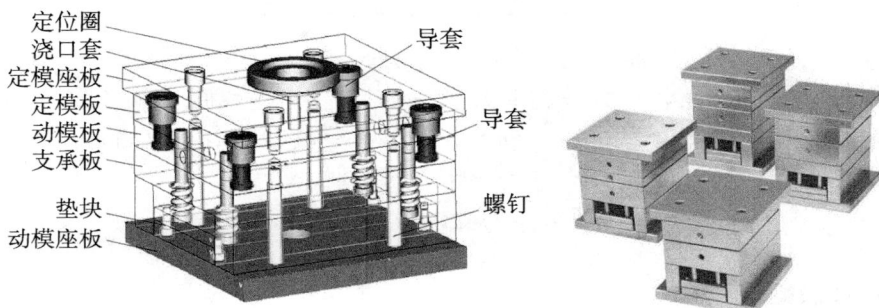

图 2-10　注塑模模架

1. 模架组成零件的名称

按照模架在模具中的应用方式，可分为直浇口与点浇口模架，各组成零件分别如图 2-11、图 2-12 所示。

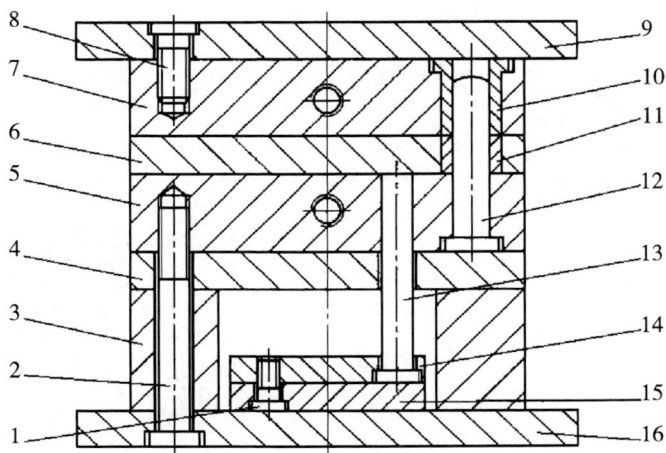

1—螺钉；2—螺钉；3—垫块；4—支承板；5—动模板；6—推件板；7—定模板；8—螺钉；9—定模座板；10—带头导套；11—直导套；12—带头导柱；13—复位杆；14—推杆固定板；15—推板；16—动模座板

图 2-11　直浇口模架各组成零件

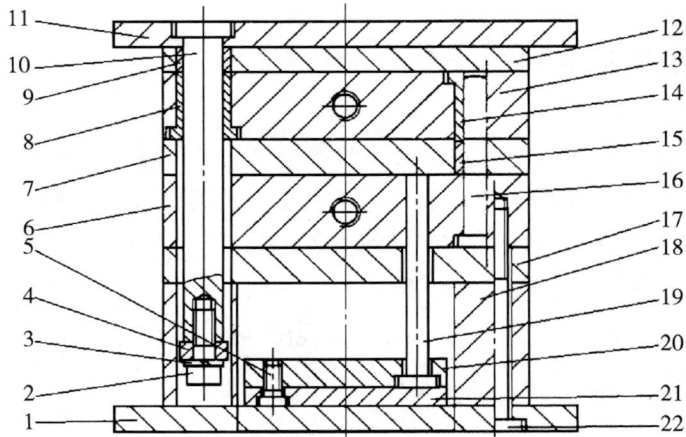

1—动模座板；2—螺钉；3—垫圈；4—挡环；5—螺钉；6—动模板；7—推件板；8—带头导套；
9—直导套；10—导柱；11—定模座板；12—推件板；13—定模板；14—带头导套；
15—直导套；16—带头导柱；17—支承板；18—垫块；19—复位杆；20—推杆固定板；
21—推板；22—螺钉

图 2-12 点浇口模架各组成零件

2. 模架的组合形式

根据结构特征，注塑模模架一般可分为 36 种主要结构，其中包括 12 种直浇口模架、16 种点浇口模架和 8 种简化点浇口模架。

（1）直浇口模架

在 12 种直浇口模架中，其中有 4 种为直浇口基本型、有 4 种为直身基本型，还有 4 种为直身无定模座板型。直浇口基本型中，又分为 A 型、B 型、C 型和 D 型，如表 2-3 所示。

表 2-3   直浇口基本型模架的组合形式

组合形式	组合形式图
A 型	 定模有二模板，动模有二模板

组合形式	组合形式图
B 型	定模有二模板，动模有二模板， 加装一推件板
C 型	定模有二模板，动模有一模板
D 型	定模有二模板，动模有一模板，加装一推件板

（2）点浇口模架

点浇口模架有 16 种，其中点浇口基本型有 4 种、直身点浇口基本型有 4 种、点浇口无推料板型有 4 种、直身点浇口无推料板型有 4 种。点浇口基本型又分为 DA 型、DB 型、DC 型和 DD 型，如表 2-4 所示。

表 2-4   点浇口基本型模架的组合形式

组合形式	组合形式图
DA 型	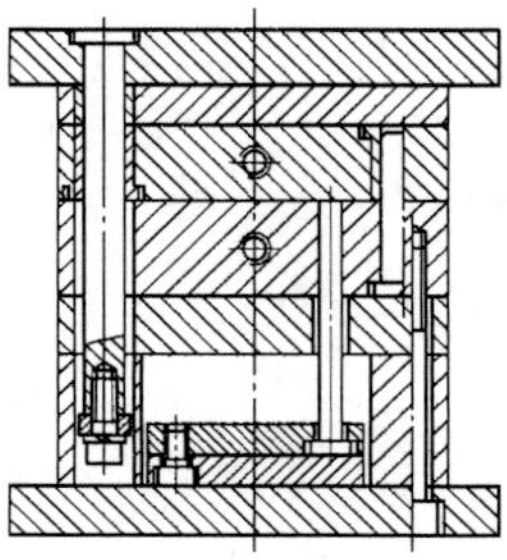
DB 型	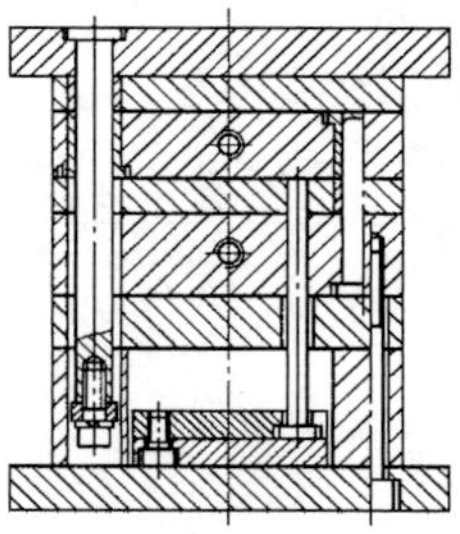
DC 型	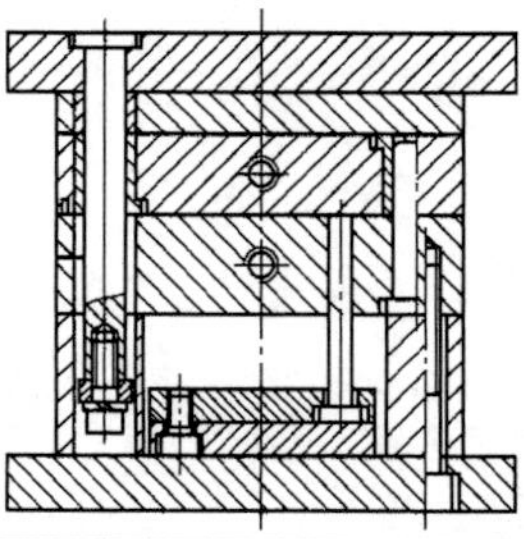
DD 型	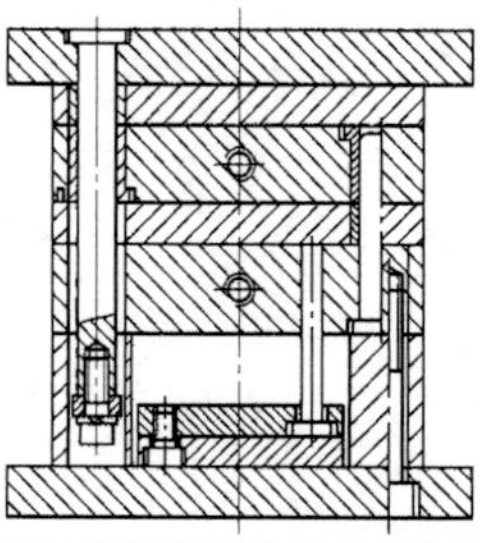

3. 常用模具标准件

注塑模常用的标准件一般包括浇口套、定位圈、导柱、导套、推杆、复位杆等。

（1）浇口套

浇口套是在注塑成型时与注塑机喷嘴相接触的零件，如图 2-13 所示。浇口套的外圈直径 D、内圈直径 d 和球形凹坑半径 R 尺寸可根据型号查看标准，其长度 L 则可根据所需长度来调整。

图 2-13　浇口套

（2）定位圈

定位圈是用来定位注塑机喷嘴的零件，如图 2-14 所示。

图 2-14　定位圈

（3）导柱

导柱在模具的开模、合模过程中起到导向的作用，如图 2-15 所示。

图 2-15　导柱

（4）导套

导套常用的结构形式有两种，一种不带安装凸肩，另一种带安装凸肩，相应地称为直导套和带头导套，如图 2-16 所示。

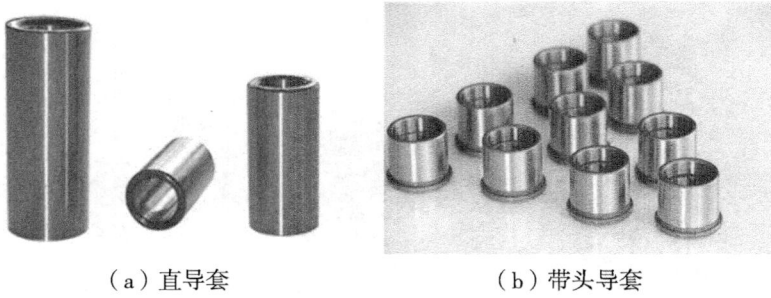

（a）直导套　　　　　　　　　（b）带头导套

图 2-16　直导套和带头导套

（5）推杆

推杆用于顶出塑料产品，其结构如图 2-17 所示。

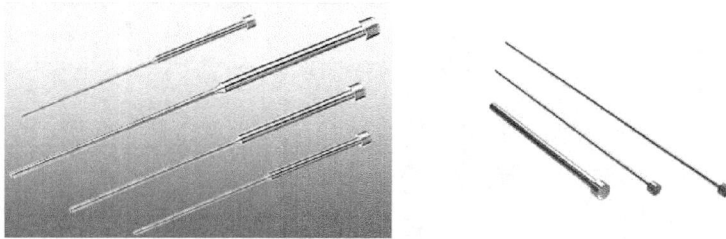

图 2-17　推杆

（6）复位杆

复位杆用于合模时将推杆机构恢复到原来的位置，如图 2-18 所示。

图 2-18　复位杆

我们在选用注塑模的标准件时，应通过查看国标手册或相应的标准件制造商提供的手册，来选择所需规格的标准件。

📝✔ **课后练习**

一、填空题

1. 塑料一般由_____和_____组成。

2. 塑料按分子结构及热性能可分为_____和_____两大类。

3. 塑料按性能和用途可分为_____、_____和_____三大类。

4. 通用塑料主要有_____、_____、_____、_____、_____、
_____六大类。

5. 常用的工程塑料有_____、_____、_____、_____。

6. 注塑模的定模安装在注射机的_____上，动模安装在_____上。

7. 按模具的型腔数目，注塑模具可分为_____和_____。

8. _____是一套注塑模的整体框架。

二、判断题

1. 填充剂是塑料中重要的、必不可少的组成成分。（　　　）

2. 热固性塑料可以回收利用。（　　　）

3. ABS 是我们常用的塑料，所以是通用塑料。（　　　）

4. 酚醛塑料是用得最多的热固性塑料。（　　　）

5. 卧式螺杆式注塑机是应用最广泛的。（　　　）

6. 注塑模跟注塑机没有直接关系。（　　　）

7. 注塑模的模架必须是符合标准化的。（　　　）

三、看图填空题

图 2-19 所示为注塑模具常用标准件，写出其名称。

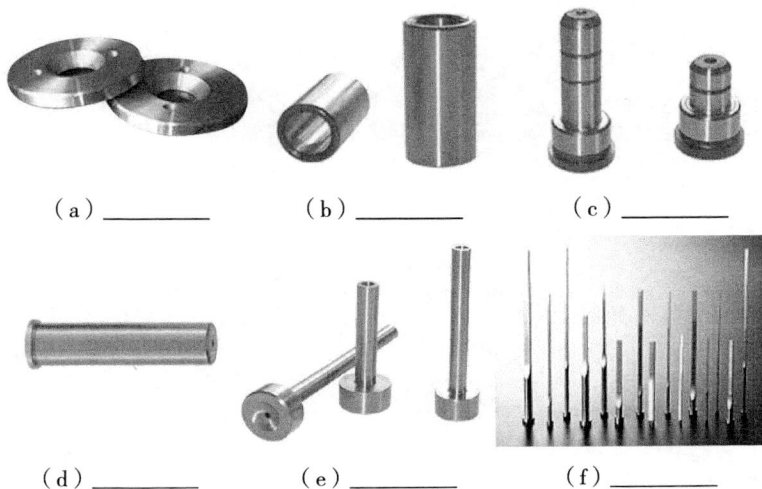

（a）_____　　　　（b）_____　　　　（c）_____

（d）_____　　　　（e）_____　　　　（f）_____

图 2-19　注塑模具标准件

四、问答题

1. 热塑性塑料和热固性塑料各有什么特点？

2. 图 2-20 所示为工程轴套，要求具有良好的耐磨、减磨和自润滑性能，请选择塑件材料。

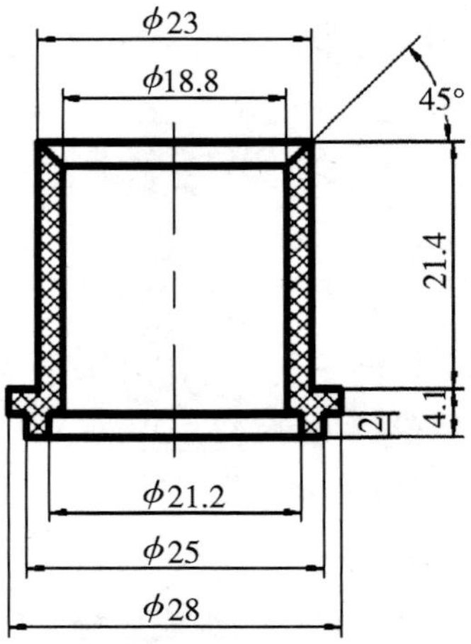

图 2-20　工程轴套

单元 2　单分型面注塑模

注塑模的典型结构有：单分型面注塑模、双分型面注塑模、带侧向分型与抽芯机构的注塑模、自动卸螺纹注塑模及热流道注塑模等。其中，单分型面注塑模又称为两板式注塑模，它是最简单的一种塑料注塑模具。

【知识目标】

①掌握单分型面注塑模结构特点和工作原理，并能说出模具各零件的名称及作用；

②了解分型面的形式和分型面位置的选择原则；

③了解浇注系统的组成及各组成部分的作用，知道常用浇口的形式、特点及应用场合；

④熟悉凹模、型芯的结构形式、适用范围；

⑤了解合模导向机构的作用；

⑥熟悉推出机构的组成、分类、特点和应用范围；

⑦了解温度调节系统的作用。

【素养目标】

①培养学生经济成本节约意识；

②培养学生安全文明生产和遵守操作规范、规程的意识；

③培养学生精益求精、一丝不苟的工匠精神；

④培养学生观察能力、学习能力和协调能力。

一、单分型面注塑模

1. 单分型面注塑模结构特点

单分型面注塑模的优点是结构简单，所以应用广泛。

2. 单分型面注塑模工作原理

如图 2-21 所示，我们按照开模和合模两个过程来分析单分型面注塑模的工作原理。开模时，动模部分随着注塑机后退，模具沿着分型面打开。由于在冷却水的作用下，塑件被快速冷却而尺寸缩小，所以塑件会紧包在型芯 7 上，随动模部分一起移动脱离凹模 2。同时，浇注系统产生的冷凝料也在主流道拉料杆 15 的作用下与塑件一起

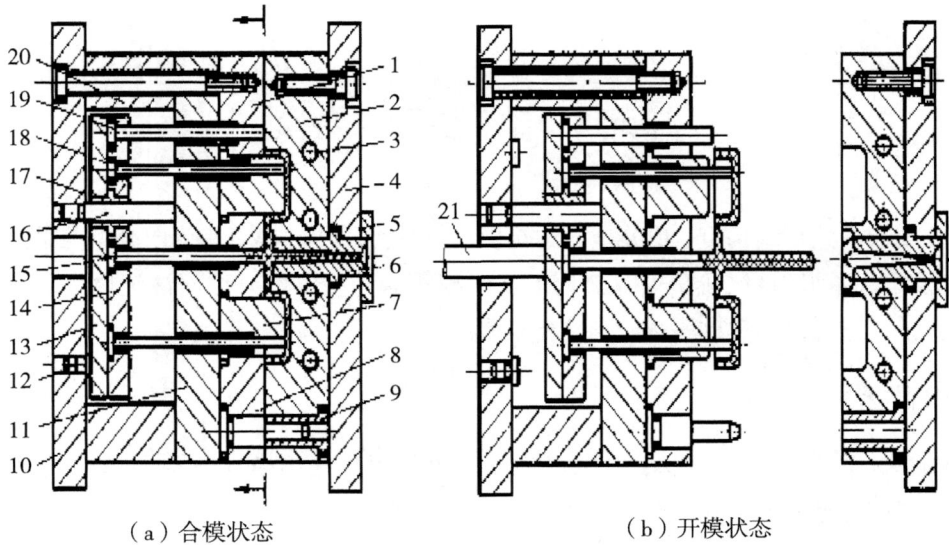

（a）合模状态　　　　　　　　　（b）开模状态

1—动模板；2—定模板（凹模）；3—冷却水道；4—定模座板；5—定位圈；6—浇口套；7—型芯；8—导柱；
9—导套；10—动模座板；11—支撑板；12—支撑钉；13—推板；14—推板固定板；15—主流道拉料杆；
16—推板导柱；17—推板导套；18—推杆；19—复位杆；20—垫块；21—注塑机顶杆

图 2-21　单分型面注塑模

移动。在注塑机的带动下，移动一定的距离后，当注塑机顶杆 18 碰撞到推板 13 时，脱模机构就开始动作，推杆 18 把塑件从型芯上顶出来，浇注系统产生的冷凝料这时被主流道拉料杆顶出，再将塑件及浇注系统产生的冷凝料从模具中取出来。合模时，在导柱 8 和导套 9 的作用下，动模和定模闭合；复位杆 19 会碰到定模板 2，从而使脱模机构复位。然后，注塑机将开始下一次注射。

3. 注塑模的基本结构

注塑模一般由成型部分、浇注系统、导向机构、侧向抽芯机构、推出机构、冷却和加热系统、排气系统和支承零件组成。

（1）成型部分

注塑模的成型部分通常包括型芯和型腔。型芯是指用来成型塑件内部的零件，型腔是指用于成型塑件外部的零件。

（2）浇注系统

熔融的塑料从注塑机的喷嘴进入模具型腔，在到达型腔之前所流经的通道，称为浇注系统。普通浇注系统一般由主流道、分流道、浇口和冷料穴组成。

（3）导向机构

为了确保定模部分与动模部分之间的正确导向与定位，通常采用导柱和导套对动模和定模进行导向。

（4）侧向抽芯机构

当塑件侧面有侧向的凹模、凸模或侧向的孔、凸台时，必须先将侧向凸模或型芯抽出，而后再将塑件推出。我们把使侧向凸模或型芯移动的机构称为侧向抽芯机构。

（5）推出机构

在模具分型后，把塑件从模具中推出的机构称为推出机构，又称为脱模机构。模具的推出机构一般由推杆、复位杆、拉料杆、推杆固定板、推板等组成。

（6）冷却和加热系统

注塑成型周期中，熔融塑料充满模具型腔后，必须尽快固化成型，此时需要进行冷却。通常在模具上开设冷却水道，通过在冷却水道中注入循环冷却水对模具进行冷却。此外，一些塑料在成型时对模具有一定的温度要求，比如需要对模具进行加热。一般对模具进行加热的方法为在模具内部或四周安装加热组件。

（7）排气系统

为了排出型腔中的气体，避免制件内部出现气泡或烧焦现象，一般需要在模具分型面上设置若干条排气槽。

（8）支承零件

模具中用来安装、固定、支承成型零部件及各结构的零件称为支承零件，通常由支承板、垫块等零件组成。

二、分型面的选择

我们在进行模具的结构设计之前，先要考虑一次注射过程生产多少个塑件，如何把塑件从模具中取出，因此要考虑打开模具的哪个位置能方便取出塑件。我们把打开模具取出塑件的面称为分型面。分型面把模具分为动模和定模两个组成部分，因此分型面的选择决定了模具的结构。

1. 型腔数目的确定

如果一副注塑模在一次注射过程中只能生产出一个塑件，称为单型腔模具；如果能生产出两个或两个以上塑件，则称为多型腔模具。图 2-22（a）所示为单型腔模具成型的塑件，图 2-22（b）所示为多型腔模具成型的塑件。

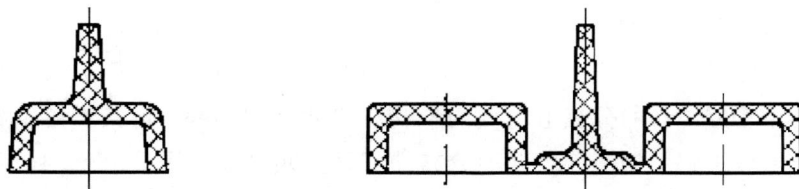

（a）单型腔模具成型的塑件　　　　（b）多型腔模具成型的塑件

图 2-22　单型腔模具和多型腔模具成型的塑件

单型腔模具与多型腔模具的特点及应用如表2-5所示。

表2-5　　　　　　　　　单型腔模具与多型腔模具的特点及应用

类型	优点	缺点	应用
单型腔模具	塑件的精度高；成型工艺参数易于控制；模具结构简单；模具制造成本低，周期短	塑料成型的生产率低，塑件的成本高	塑件较大，精度要求较高，适合小批量生产及试生产
多型腔模具	塑料成型的生产率高，塑件成本低	塑件的精度低；成型工艺参数难以控制；模具结构复杂；模具制造成本高，周期长	适合大批量、长期生产的中小型塑件

2. 型腔的布局

（1）单型腔模具生产的塑件在模具中的位置

塑件在单型腔模具中的位置如图2-23所示。图2-23（a）所示为塑件在定模的结构，图2-23（b）所示为塑件在动模的结构，图2-23（c）（d）所示为塑件既在定模又在动模的结构。

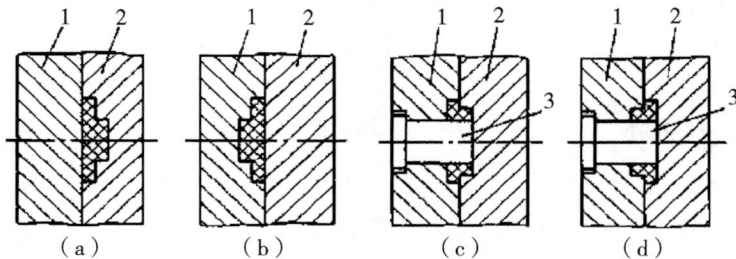

1—动模板；2—定模板；3—型芯

图2-23　塑件在单型腔模具中的位置

（2）多型腔模具生产的塑件在模具中的布局

多型腔模具的布局与浇注系统密切相关，其布局方法有以下两种。

①平衡式布局。平衡式布局如图2-24（a）（b）（c）所示。其特点是从主流道到各型腔浇口的分流道的长度相等、截面形状和尺寸相同，既可让各个型腔均匀进料，又能同时充满型腔。

②非平衡式布局。非平衡式布局如图2-24（d）（e）（f）所示。其特点是从主流道开始到各个型腔浇口的分流道的截面形状和尺寸是相同的，但其长度不相等、分布也不对称，所以进料不均衡。但这种分布的好处是明显缩短了分流道的长度，减少了浇注系统的凝料，故能节约塑料原料。为了弥补进料不均衡的缺点，通常在实际生产过程中，可以通过调整各个浇口截面尺寸的大小来实现同时充满型腔的目的。

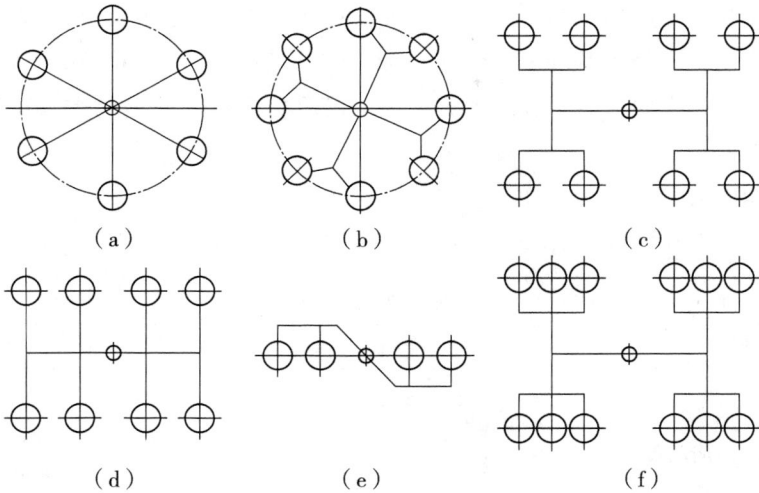

图 2-24　平衡式和非平衡式多型腔模具布局

3. 分型面设计

（1）分型面的形式

分型面是模具的开合面，用来取出塑件及浇注系统所产生的冷凝料。分型面选择不仅直接决定了模具结构的复杂程度，也会影响塑件成型的质量。

分型面可以垂直或倾斜于合模方向，也可平行于合模方向。常见的分型面的形式有平直、曲面、阶梯、斜面、瓣合和双分型面，如图 2-25 所示。有的模具只有一个分型面，其形状如图 2-25（a）（b）（c）（d）所示；有的有多个分型面，其形状如图 2-25（e）（f）所示。

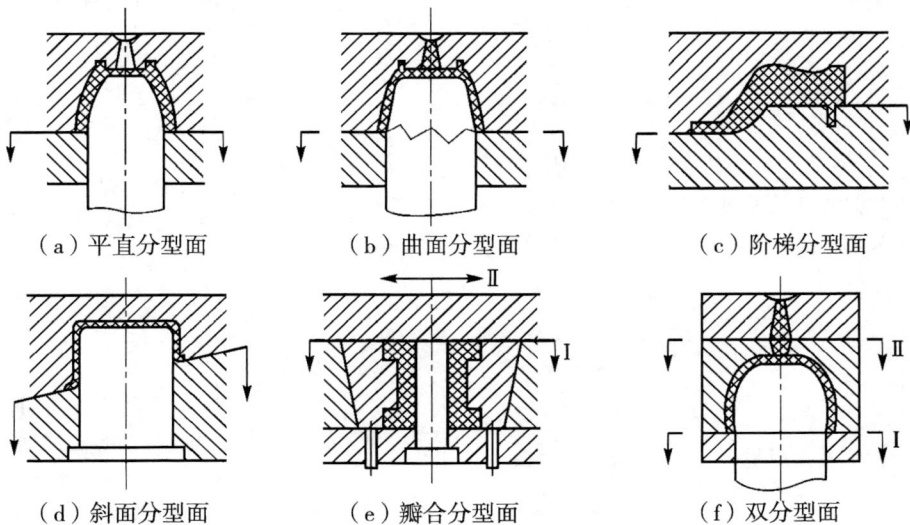

（a）平直分型面　　　（b）曲面分型面　　　（c）阶梯分型面

（d）斜面分型面　　　（e）瓣合分型面　　　（f）双分型面

图 2-25　分型面的形式

在模具装配图中应标示出分型面的位置，具体方法如下：模具打开时，如果分型面的两侧都可移动，用←┼→表示；若其中一侧固定不动，另一侧可移动，用┝→表示，箭头指向模具移动的方向；对于有多个分型面的模具，应按其分型的先后次序，标出Ⅰ、Ⅱ、Ⅲ等。

（2）分型面的选择

影响分型面选择的因素有很多，在选择分型面时，应遵循的原则如表2-6所示。

表2-6　　　　　　　　　　　　选择分型面的原则

序号	原则	简图	说明
1	应选在塑件外形的最大轮廓处	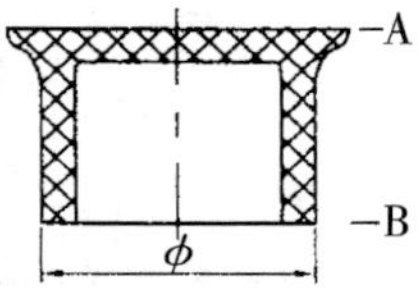	分型面选在 A 位置正确，分型面取在塑件外形的最大轮廓处，才能使塑件顺利脱模
2	应便于塑件顺利脱模	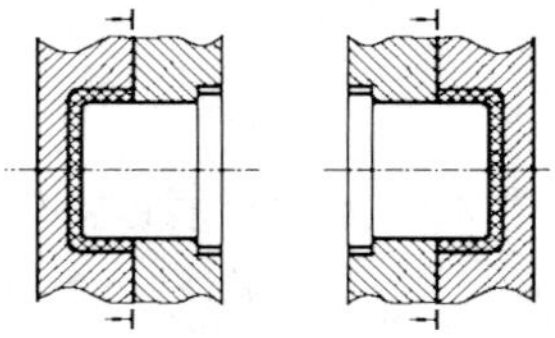 （a）　　　（b）	图（b）合理，分型后，塑件会包紧型芯而留在动模一侧
3	满足塑件的精度要求	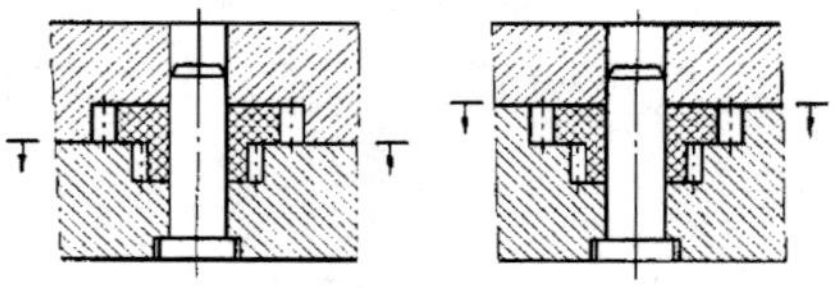 （a）　　　（b）	图（b）合理，能满足双联塑料齿轮的同轴度要求
4	满足塑件的外观要求	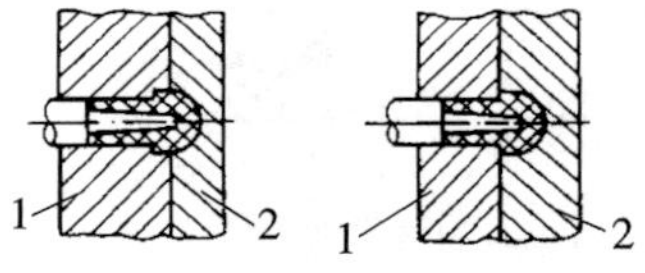 （a）　　　（b）	图（b）合理，所产生的飞边不会影响塑件的外观，而且易清除
5	便于模具的制造	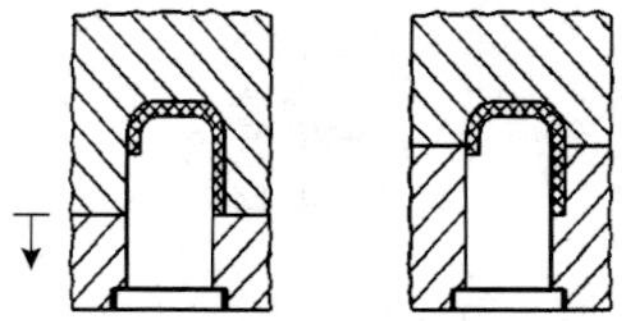 （a）　　　（b）	图（a）模具合模时，会发生凹模与型芯碰撞而损坏的情况。图（b）模具可避免发生碰撞现象，且易于加工

序号	原则	简图	说明
6	减少塑件在分型面上的投影面积	（a）　　　　（b）	图（b）合理，塑件在分型面上的投影面积小，成型可靠
7	有利于模具的排气	（a）　　　　（b）	图（b）合理，分型面位于料流的末端，有利于排气

在实际设计中，不可能全部满足上述分型面的选取原则，此时应分清主次矛盾，采取综合评判的方法，从而较合理地确定分型面。

三、普通浇注系统

1. 普通浇注系统的组成

浇注系统是从注射机喷嘴到模具型腔之间的进料通道。设计浇注系统是模具设计中的一个很重要的环节，本书重点研究普通浇注系统，它主要由主流道、分流道、冷料穴和浇口四个部分组成，如图 2-26 所示。图 2-27 所示为成型好的塑件和浇注系统凝料。

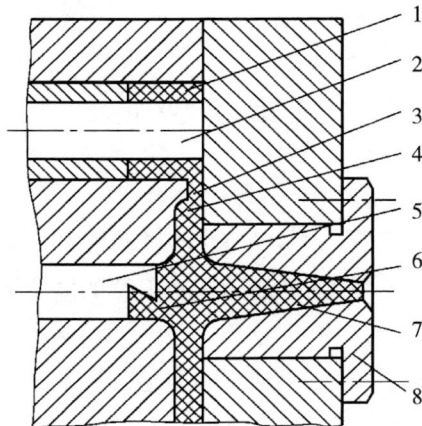

1—塑件；2—型芯；3—浇口；4—分流道；5—拉料杆；6—冷料穴；7—主流道；8—浇口套

图 2-26　普通浇注系统的结构

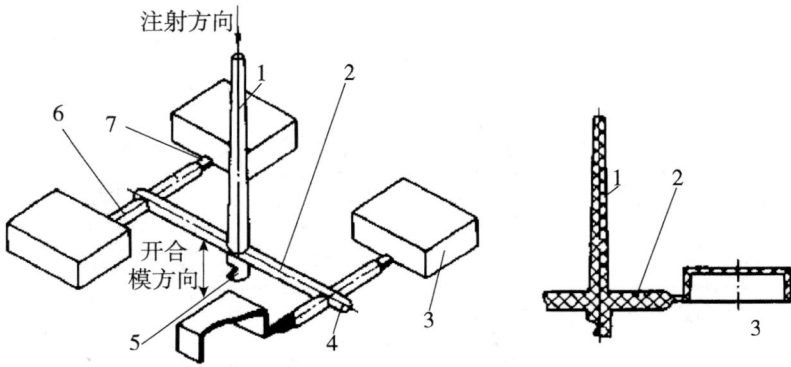

1—主流道；2—分流道；3—塑件；4—分流道冷料穴；5—主流道冷料穴；6—分流道；7—浇口

图 2-27　塑件和浇注系统凝料

2. 主流道的设计

从注塑机喷嘴与模具接触的地方开始，到分流道为止的那一段流道就是主流道。主流道是塑料熔体进入型腔的起点部位，负责将熔融的塑料从注塑机喷嘴引入模具。主流道一般不会直接在定模板上加工，而是制造成浇口套，然后再固定到定模板上。

（1）主流道尺寸

为了便于主流道凝料顺利脱模，主流道与喷嘴对接处的配合应如图 2-28（a）所示；图 2-28（b）所示为主流道与喷嘴配合不良的组合。

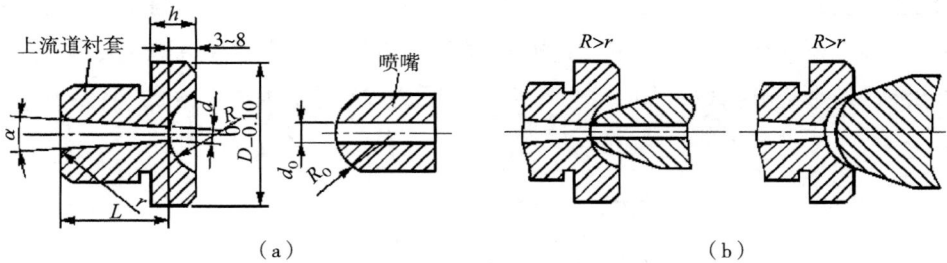

图 2-28　主流道的形状

（2）浇口套

浇口套与定模座板之间一般采用 H7/m6 的过渡配合。为便于装配，浇口套与定位圈则采用 H9/f9 的间隙配合。图 2-29 所示为浇口套的固定形式。

3. 分流道的设计

分流道是连接主流道和各个浇口的进料通道，分流道可以改变塑料熔体的流向，并能将塑料熔体均匀平稳地分流到各个型腔。

（1）分流道的截面形状

常用的分流道的截面形状有圆形、梯形、U 形、半圆形和矩形等，如图 2-30 所示。

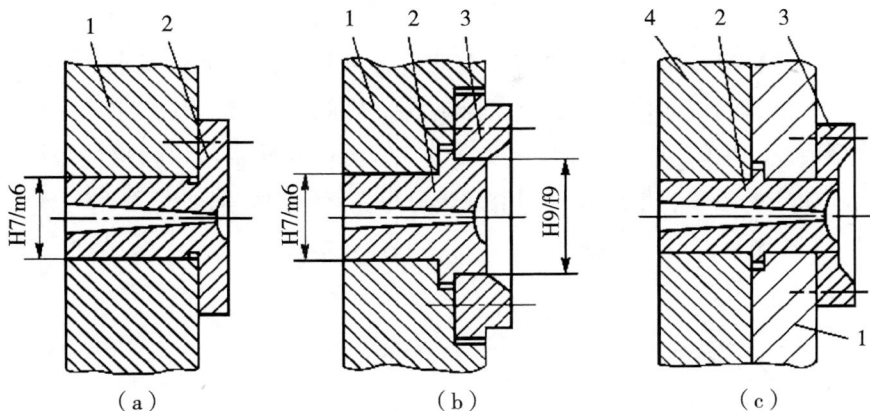

1—定模座板；2—浇口套；3—定位圈；4—定模板

图 2-29 浇口套的固定形式

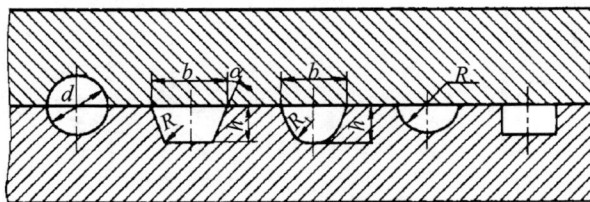

图 2-30 分流道的截面形状

（2）分流道在分型面上的布局形式

分流道的布局形式主要有两种：平衡式和非平衡式，如图 2-31 所示。

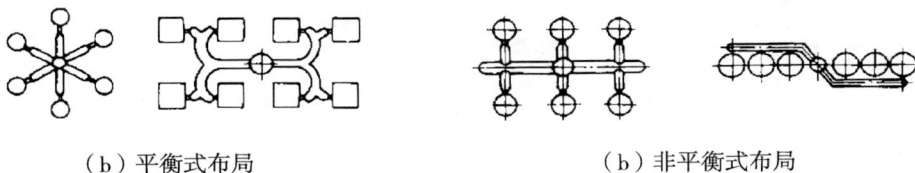

（b）平衡式布局   （b）非平衡式布局

图 2-31 分流道的布局形式

4. 冷料穴

冷料穴是用于储存前锋冷料的流道末端，冷料穴中常设有拉料结构，采用的是 Z 形拉料杆如图 2-32 所示，以便于开模时将主流道凝料从浇口套中拉出。

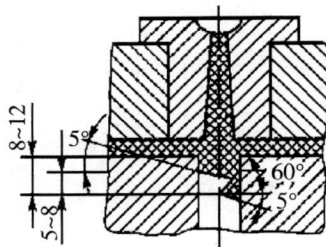

图 2-32 Z 形拉料杆

5. 浇口

浇口也叫进料口，是指分流道与型腔之间的通道。浇口的形式很多，其中除直接浇口外，其他浇口的截面尺寸都很小。浇注系统中最为关键的是浇口的设计。

单分型面注塑模的浇口多采用直接浇口、侧浇口和轮辐浇口，也可采用一些其他浇口形式，如环形浇口、爪形浇口和潜伏浇口等，其结构分别如图 2-33（a）（b）（c）（d）（e）（f）所示。

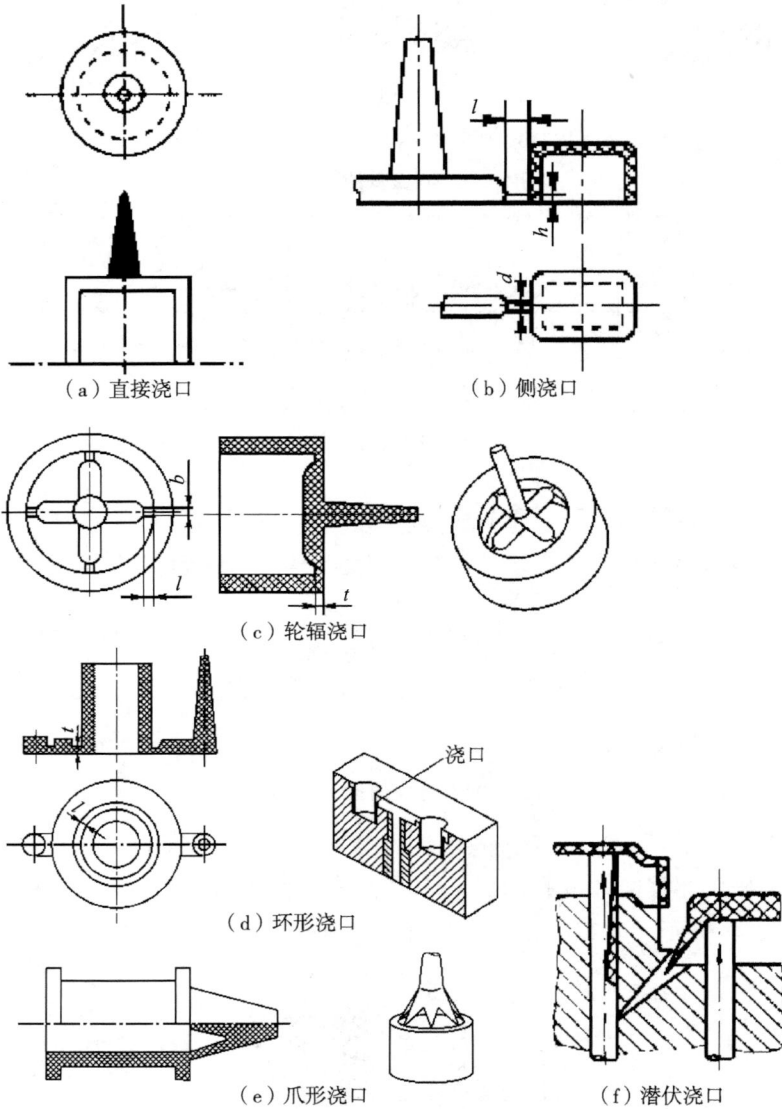

（a）直接浇口　　　　　　　　（b）侧浇口

（c）轮辐浇口

（d）环形浇口

（e）爪形浇口　　　　　　　　（f）潜伏浇口

图 2-33　浇口形式

①直接浇口：进料速度快，常用于一些大中型、长流程、深型腔的筒形或壳形塑件。

②侧浇口：形状简单，便于加工，一般适用于多型腔模具。

③环形浇口：常多用于小型、多型腔模具，也可用于壁厚较薄的圆筒形塑件。

④轮辐浇口：适用于内孔较大的圆筒形塑件，对带有矩形内孔的塑件也适用。

⑤爪形浇口：适用于内孔尺寸较小的长管形塑件，也可用于同轴度要求较高的塑件。

⑥潜伏浇口：一般设在塑件的内表面或者侧面隐蔽处，因而不影响塑件的外观。因与塑件连接处的尺寸极小，待塑件成型后顶出时会被轻易拉断，与塑件分离。潜伏浇口易于实现生产自动化，适用于从一侧进料的塑件，但加工较为困难。

四、成型零件

成型零件是构成塑料模具型腔的零件，直接与塑料熔体接触并能成型出塑件的零件。通常成型零件包括凹模、型芯、镶块、成型杆和成型环等。成型零件是塑料模具的心脏，其对选材和加工精度有很高的要求。

1. 凹模结构

按结构不同，凹模有整体式和组合式两种。

（1）整体式凹模

整体式凹模，是在整块金属板上加工而成的，它的整个型腔没有连接的痕迹，故不易变形，成型出来的塑件外观质量好，如图 2-34 所示。但是这种结构的凹模加工困难，热处理也不方便，维修困难，所以适合于形状简单或复杂，但可以用电火花机床和数控机床加工的中小型模具。

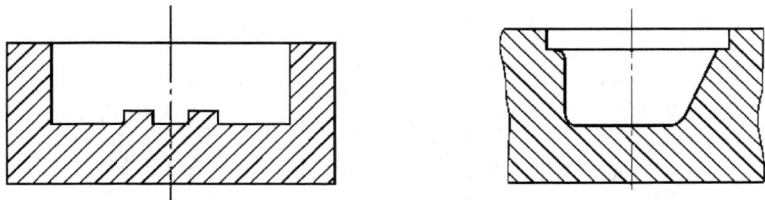

图 2-34 整体式凹模结构

（2）组合式凹模

组合式凹模由两个以上的零部件组合而成，这样的结构可以简化复杂型腔的加工工艺，还减少了热处理变形，便于模具的维修，也能节约贵重材料。按照其组合方式不同，可分为五种结构形式：第一种是整体嵌入式，如图 2-35 所示；第二种是局部镶嵌式，如图 2-36 所示；第三种是底部镶拼式，如图 2-37 所示；第四种是四壁拼合式，如图 2-38 所示；第五种是瓣合式凹模，如图 2-39 所示。

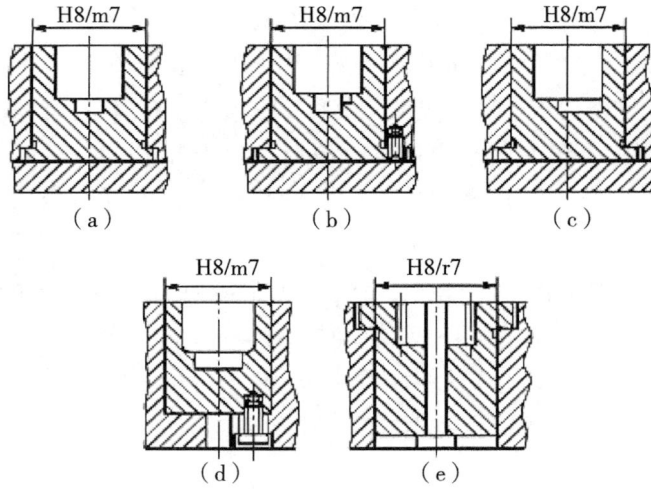

图 2-35　整体嵌入式凹模结构

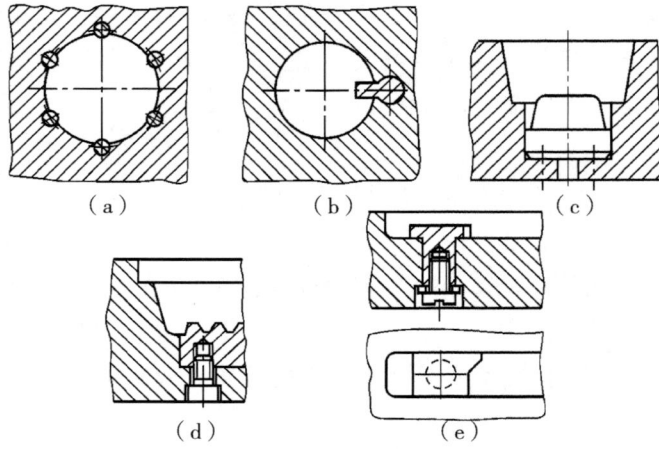

图 2-36　局部镶嵌式凹模结构

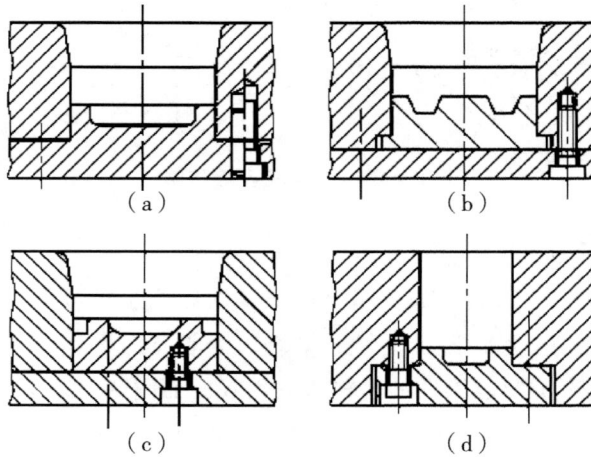

图 2-37　底部镶拼式凹模结构

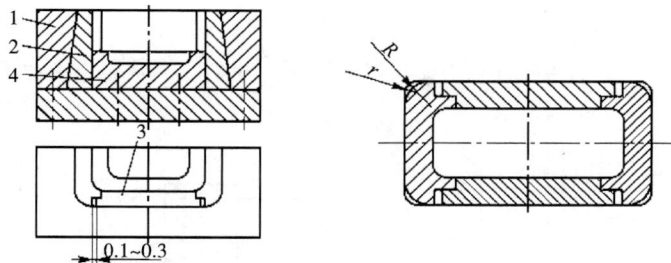

1—模套；2—侧拼块；3—侧拼块；4—底拼块

图 2-38　四壁拼合式凹模结构

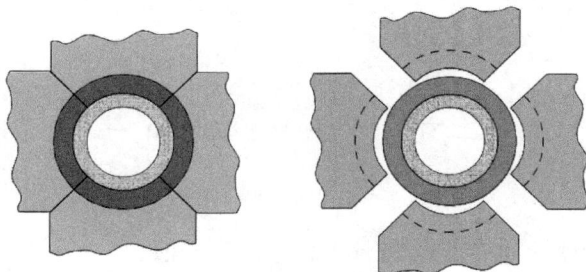

图 2-39　圆形线圈架瓣合式凹模结构

2. 型芯结构

型芯结构主要有主型芯和小型芯等。对于结构简单的塑件如壳、盖、罩等，主型芯用来成型其主体部分内表面，而小型芯用于成型一些尺寸小的孔。主型芯又分为整体式和组合式两种。

（1）整体式主型芯

整体式主型芯的结构牢固，缺点是不便于加工，模具钢消耗过多，故适用于塑件形状简单的模具，结构如图 2-40 所示。

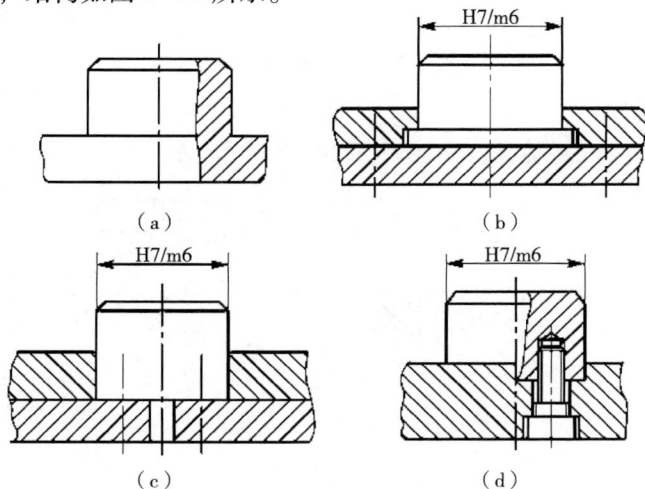

（a）　　　　　　　　　　（b）

（c）　　　　　　　　　　（d）

图 2-40　整体式主型芯结构

（2）组合式主型芯

组合式主型芯由两个或者两个以上的零件组合而成，结构如图 2-41 所示。

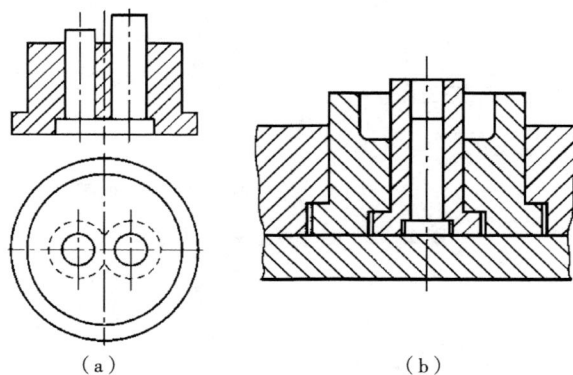

（a）　　　　　　　　　（b）

图 2-41　组合式主型芯结构

（3）小型芯

小型芯又称成型杆，用于成型塑件上较小的孔或槽。

① 通孔的成型方法。

通孔的成型方法如图 2-42 所示。

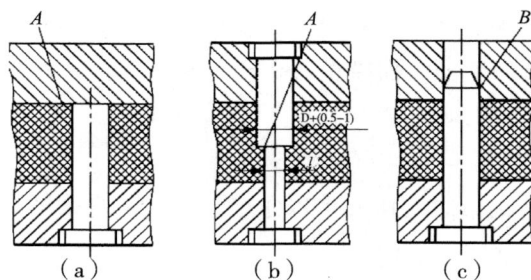

（a）　　　　　　　（b）　　　　　　　（c）

图 2-42　通孔的成型方法

② 盲孔的成型方法。

盲孔只能用一端固定的型芯来成型，如图 2-43 所示。

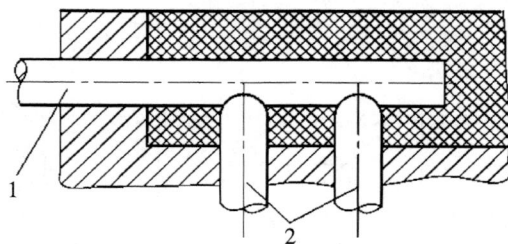

1—型芯；2—支承柱

图 2-43　盲孔的成型方法

③ 复杂孔的成型方法。

可以采用型芯拼合的方法来成型形状复杂的孔，如图 2-44 所示。这种方法可以用简单的小型芯成型复杂的孔，简化模具结构。

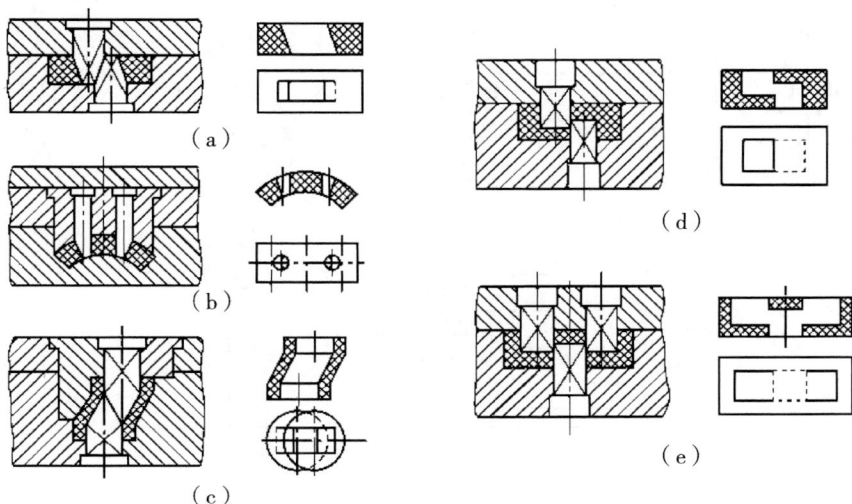

图 2-44　复杂孔的成型方法

五、合模导向机构与推出机构

1. 合模导向机构

合模导向机构是保证模具的动模和定模之间正确导向、定位的零件，并能承受一定的侧压力。主要有导柱导向机构和锥面定位机构两种形式。

导柱导向机构应用最为普遍，导柱和导套是主要零件，如图 2-45 所示。标准模架一般把导柱设在动模处。

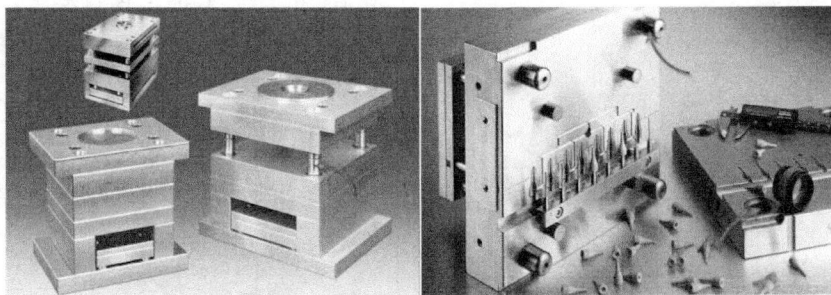

图 2-45　导柱导向机构

①导柱。导柱的结构形式有很多，大体可以分为两类：带头导柱和带肩导柱。因结构简

单的模具一般不需要配置导套，故常选用带头导柱，如图2-46（a）所示；塑件精度要求高及大批量生产的模具会选用图2-46（b）（c）所示的带肩导柱，带肩导柱常与导套配用。

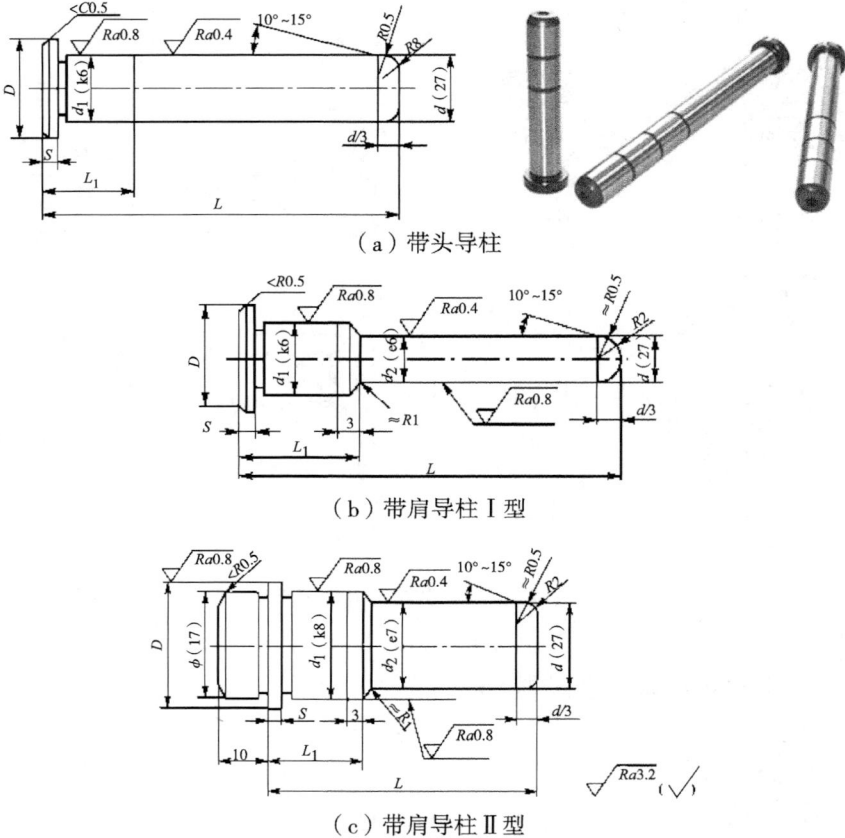

（a）带头导柱

（b）带肩导柱Ⅰ型

（c）带肩导柱Ⅱ型

图2-46 导柱的结构形式

②导套。导套有直导套和带头导套。如图2-47（a）所示，直导套的结构简单，加工方便，常用于简单的模具；如图2-47（b）所示，带头导套的结构较复杂，故用于精度要求较高模具的生产。

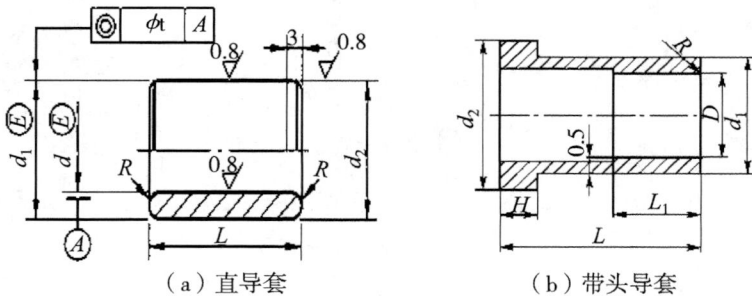

（a）直导套　　　　　　　　（b）带头导套

图2-47 导套的结构形式

2. 推出机构

我们知道，在注塑成型的每一周期中，都要将塑件从模具型腔中或型芯上推出，这些使塑件从模具中脱出的零件称为推出机构，又叫脱模机构。推出机构的顶出动作通常通过注塑机上的顶杆或液压缸来完成。

（1）推出机构的组成

推出机构一般由推出、复位和导向零件组成。图 2-48 所示为单分型面注塑模的推出机构，推出部件由推杆 1 和拉料杆 6 组成，它们固定在推杆固定板 2 和推板 5 之间，两板用螺钉固定连接。注塑机上的顶出力作用在推板上。

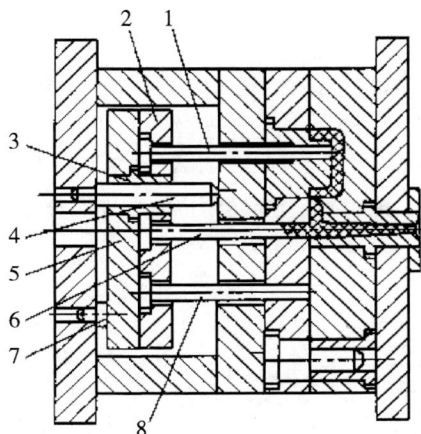

1—推杆；2—推杆固定板；3—推板导套；4—推板导柱；5—推板；
6—拉料杆；7—支承钉；8—复位杆

图 2-48　单分型面注塑模的推出机构

（2）推出机构的分类

一次推出机构是开模之后，通过一次推出动作就能顶出塑件的推出机构。这种推出机构设置在模具的动模处，其结构简单，尤其是在单分型面注塑模中得到了广泛使用。常见的一次推出机构有推杆、推管、推件板，还有活动镶块及凹模推出机构等。

①推杆推出机构。注塑模中，最简单、最常见的推出机构就是推杆推出机构，如图 2-49 所示。推杆截面大都是圆形，所以加工制造和修配较为方便，推出动作灵活可靠，若出现损坏情况也易于更换。其缺点是推杆与塑件接触面积小，易使塑件变形或损坏。

推杆的工作端截面形状如图 2-50 所示，最常用的是圆形，还可以设计成矩形、三角形、椭圆形、半圆形等。

②推管推出机构。推管推出机构就是一种空心的推杆，如图 2-51 所示，它适用于圆环形、圆筒形塑件的推出，且不会留下明显的推出痕迹。

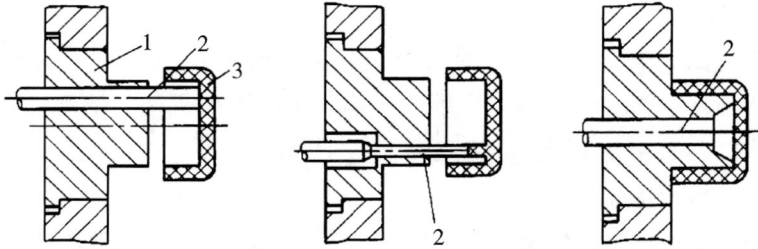

1—型芯；2—推杆；3—塑件

图 2-49　推杆推出机构

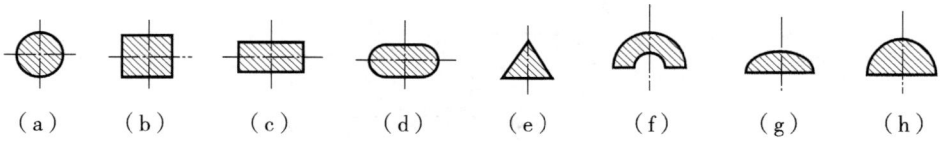

（a）　　　　（b）　　　　（c）　　　　（d）　　　　（e）　　　　（f）　　　　（g）　　　　（h）

图 2-50　推杆的工作端截面形状

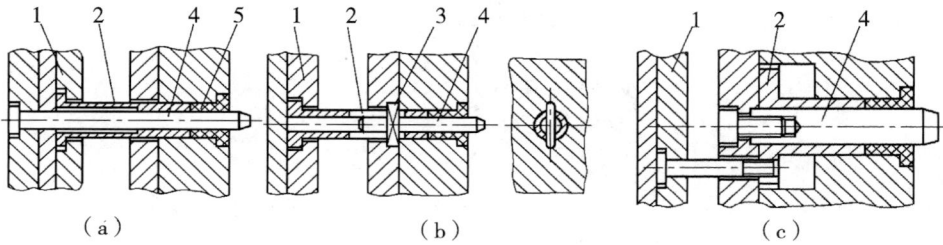

（a）　　　　　　　　　　（b）　　　　　　　　　　（c）

1—推管固定板；2—推管；3—方销；4—型芯；5—塑件

图 2-51　推管推出机构

③ 推件板推出机构。有些塑件不允许留有推杆痕迹，还有一些深腔薄壁的塑件也是要求如此，对于这种情况，我们可采用推件板推出机构，如图 2-52 所示。这种推出机构的结构简单、推出平稳、推出面积大且推出力均匀，在模具中常用。

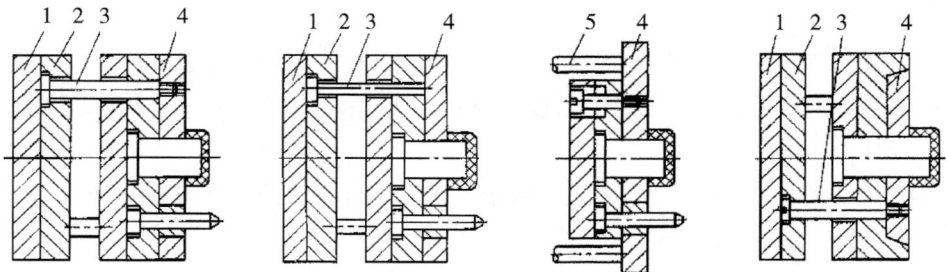

1—推板；2—推杆固定板；3—推杆；4—推件板；5—注塑机顶杆

图 2-52　推件板推出机构

六、温度调节系统

在塑料制品的成型过程中，模具温度也不容忽视，若设置不合理将会直接影响塑件质量。模具采用加热或冷却方式来实现温度调节，才能确保模具温度在成型要求的范围之内。一般情况下，使用电加热器对模具加热，使用水来进行冷却。

1. 模具加热系统

对于热流道注塑模，一般采用电加热的方法，最常用的是电阻加热法，即将由电阻丝组成的加热元件安装在模具加热板里，如图 2-53（a）所示；有时会制作成不同形状的电热圈来加热模具，如图 2-53（b）所示。

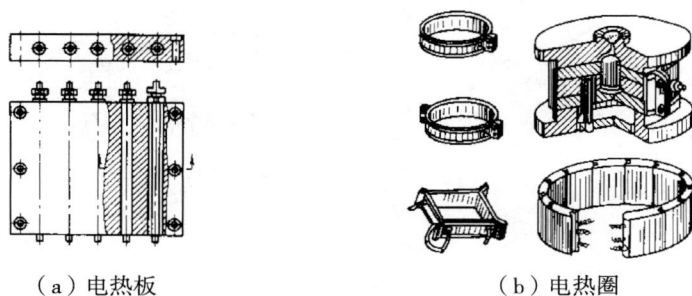

（a）电热板　　　　　　　　　　（b）电热圈

图 2-53　电阻加热法

2. 模具冷却系统

模具的冷却大多采用常温水冷却法。一般将冷却通道设置在模具的凹模、型芯等部位，通过调节冷却水的流量、流速来达到控制模具温度的目的。冷却通道的连通形式有并联和串联两种，如图 2-54 所示。

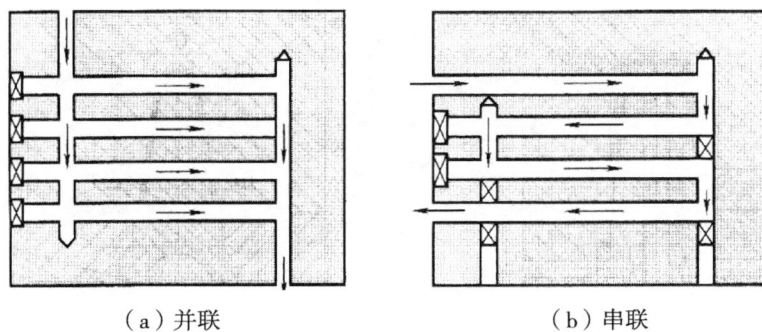

（a）并联　　　　　　　　　　　（b）串联

图 2-54　冷却通道的连通形式

为使模具冷却平衡,其凹模和型芯上的冷却水道要分开设置;要注意做好模板接缝处的密封,以防当型芯内部水道穿过时漏水。此外,水管与水嘴连接处也必须密封好,水管接头处通常朝向注塑机的背向,如图 2-55 所示。

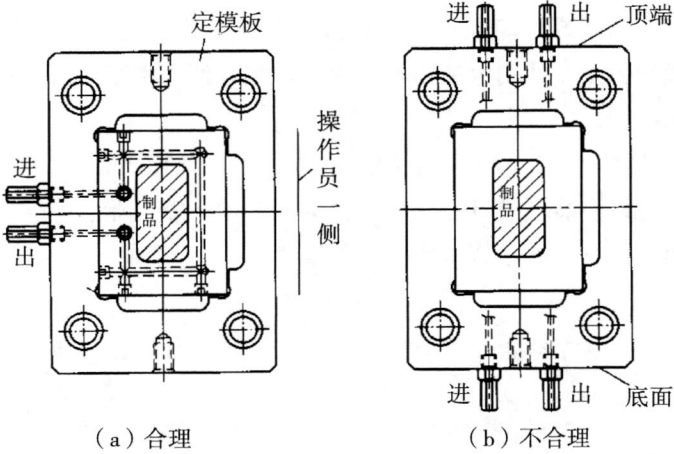

（a）合理　　　　　　　　　（b）不合理

图 2-55　水管接头处的部位

📝 课后练习

一、填空题

1. 在多型腔模具中，分流道的布置有_____式和_____式。

2. 分开型腔取出塑件的面叫_____。

3. 成型塑件内表面的结构称为_____。

4. 凹模按其结构形式分为_____和_____。

5. 合模导向机构有_____、_____两种形式，能承受一定的侧向压力。

二、问答题

根据模具上各部件所起的作用，注塑模可细分为几个部分？指出图2-56中序号所指示的零件的名称，并分别归到各组成部分中。

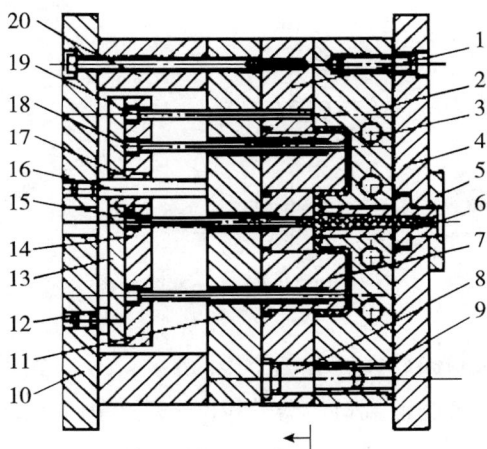

图2-56　单分型面注塑模

单元3　双分型面注塑模

许多高质量的塑料产品要求外观平整、光滑，不允许出现大的浇口，因此我们需要一种较小尺寸的浇口，即点浇口，又称针点式浇口。从图2-57（a）可知，这种浇口在塑件表面只留下针尖大的一个小痕迹，不会影响塑件的外观。图2-57（b）所示是一个圆形罩及其浇注系统凝料，图2-57（c）所示是一个汽车门的内衬板及其浇注系统凝料，这两个塑料产品都采用点浇口进料，可以满足产品外观的高质量要求。

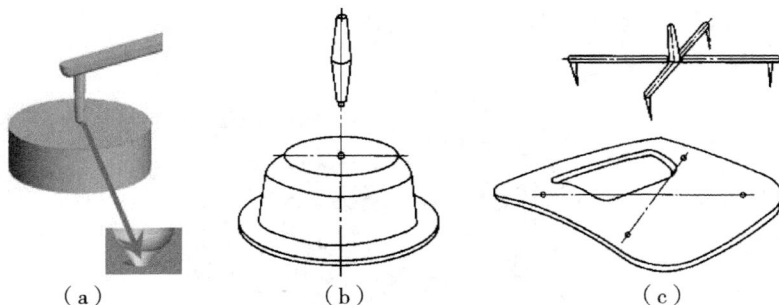

图 2-57　点浇口的塑料制件

在开模时，点浇口会被拉断，这有利于提高生产效率，实现生产自动化。模具必须专门设置一个分型面用于将浇道凝料与塑件拉断分离，因此出现了双分型面注塑模。如图2-58所示，打开A分型面用来取出浇注系统凝料塑件，打开B分型面用于取出塑件。

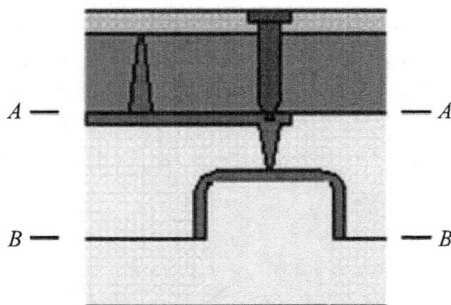

图 2-58　双分型面注塑模的两个分型面

【知识目标】

①掌握双分型面注塑模结构特点和工作原理，并能说出模具各零件的名称及作用；
②掌握常用双分型面注塑模的典型结构；

③了解点浇口的特点；

④理解顺序分型或定距分型机构的作用。

【素养目标】

①培养学生细致严谨的学习态度；

②培养学生安全文明生产和遵守操作规范、规程的意识；

③培养学生精益求精、一丝不苟的工匠精神；

④培养学生观察能力、学习能力和协调能力。

一、双分型面注塑模

1. 双分型面注塑模的组成

如图 2-59 所示，双分型面注塑模由以下几部分组成。

① 成型零件：型芯 16、中间板 13；

② 浇注系统：浇口套 15、中间板 13；

③ 合模导向机构：定模导柱 4 和动模导柱 12 及导向孔；

④ 推出机构：推杆 11、推件板 5、推杆固定板 10 和推板 9；

⑤ 定距分型机构：定距拉板 1、弹簧 2 和限位钉 3；

⑥ 其他结构零件：动模板 6、支承板 7、支架 8 和定模座板 14 等。

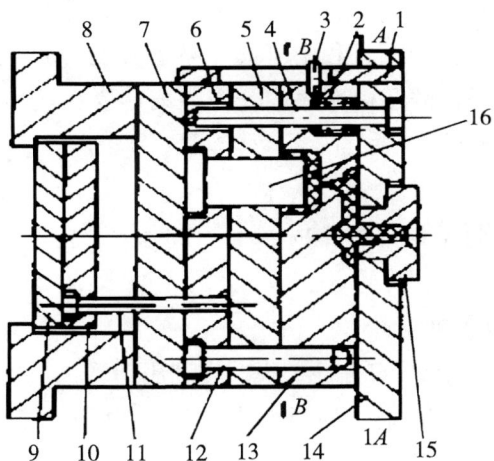

1—定距拉板；2—弹簧；3—限位钉；4—定模导柱；5—推件板；6—动模板；7—支承板；
8—支架；9—推板；10—推杆固定板；11—推杆；12—动模导柱；13—中间板；
14—定模座板；15—浇口套；16—型芯

图 2-59 双分型面注塑模

2. 双分型面注塑模工作过程

与单分型面注塑模相比较，双分型面注塑模增加了一块活动的模板，我们称它为中间板，所以此种结构的模具也可称为三板式注塑模。图 2-60 所示的是在开模状态下，单、双分型面注塑模的结构对比。

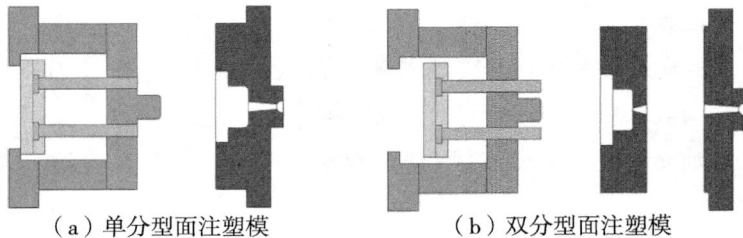

（a）单分型面注塑模　　　　　　（b）双分型面注塑模

图 2-60　单分型面注塑模与双分型面注塑模结构对比

对照图 2-59 所示结构，说明双分型面注塑模的工作过程。开模时，动模部分后退，此时弹簧 2 会促使中间板 13 向左侧移动，模具从 A-A 分型面打开。在 A-A 分型面分开一定距离后，直到定距拉板 1 碰到固定在中间板 13 上的限位钉 3 时，中间板才会停止移动。接着，动模继续后退，这时 B-B 分型面打开。因采用点浇口，且塑件包裹在型芯 16 上，所以此时塑件和浇注系统凝料被拉断分离了，那么可以把浇注系统凝料从 A-A 分型面取出。然后，动模部分还会继续后退，直到注塑机的推杆碰到推板 9 时，模具的推出机构开始工作了，推杆 11 会推动推件板 5 工作，从而将塑件从型芯 16 上顶出，完成脱模工作。

3. 双分型面注塑模的特点

与单分型面注塑模相比，双分型面注塑模有以下特点：① 采用点浇口，可将塑件和浇注系统产生的凝料在开模过程中分离，易于实现自动化生产，产品上浇口痕迹极小。②为保证两个分型面的开模顺序和开模距离，要在模具上增加顺序分型或定距分型机构，因此模具结构较复杂。

二、双分型面注塑模典型结构

1. 弹簧式双分型面注塑模

图 2-61 所示为弹簧式双分型面注塑模，它利用弹簧机构控制双分型面注塑模分型面打开顺序。A-A 和 B-B 是该模具的两个分型面。开模时，动模部分后退，弹簧 8 弹开，所以模具先在 A-A 分型面打开。这时，中间板 9 也会随动模一起向后移动，主浇道的凝料脱离浇口套。接着，在动模部分再移动一定距离后，固定在定距螺钉 7 上的螺母碰到中间板 9，中间板将不再移动。然后，动模继续后退，B-B 分型面打开，塑件包裹在型芯 11 上，所以此时塑件和浇注系统凝料被拉断了，那么可以把浇注系统凝料从 A-A 取出。动模部分还会继续后移，当注塑机的顶杆碰到推板 2 时，推杆 13 促使推

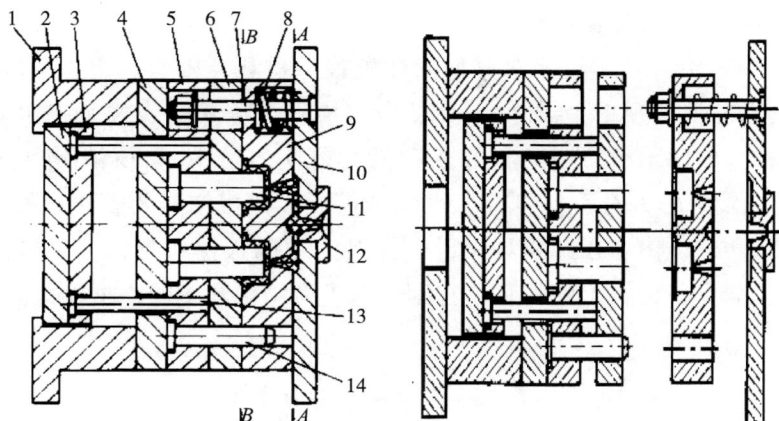

1—支架；2—推板；3—推杆固定板；4—支承板；5—动模板；6—推件板；7—定距螺钉；
8—弹簧；9—中间板；10—定模座板；11—型芯；12—浇口套；13—推杆；14—导柱

图 2-61 弹簧式双分型面注塑模

件板 6 将塑件从型芯 11 上顶出，塑件会在 B-B 分型面自行掉落。

2. 摆钩式双分型面注塑模

图 2-62 为摆钩式双分型面注塑模，该模具两个分型面的打开主要由摆钩 2、挡块 1、压块 4、定距螺钉 12 及转轴 3 来控制。模具开模时，由于摆钩 2 固定在中间板 7 上，摆钩 2 会钩住支承板 9 上的挡块 1，此时，模具打开 A-A 分型面，主流道凝料从浇口套中脱出。当开模到一定距离后，摆钩 2 接触到压块 4，摆钩 2 发生摆动，从而与挡块 1 分开，这时中间板 7 受到定距螺钉 12 的限制而停止移动，此时模具从 B-B 分型面打开。

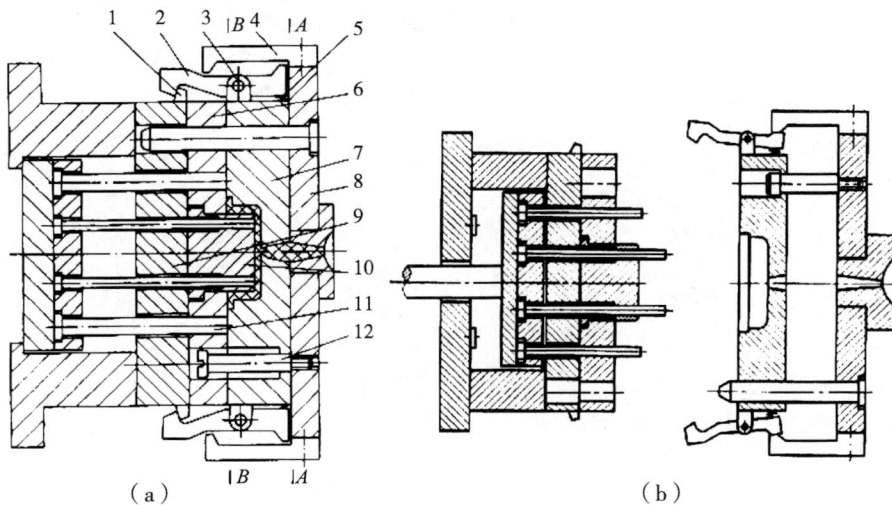

（a）　　　　　　　　　　　　　　（b）

1—挡块；2—摆钩；3—转轴；4—压块；5—推杆；6—推件板；7—中间板；
8—定模座板；9—支承板；10—型芯；11—复位杆；12—定距螺钉

图 2-62 摆钩式双分型面注塑模

3. 导柱定距式双分型面注塑模

图 2-63 所示为导柱定距式双分型面注塑模。模具开模时，由于中间板 10 与动模部分通过弹簧 16 和顶销 14 连为一体，所以模具先从 A-A 分型面打开。当定距螺钉 7 碰到导柱 8 的凹槽时，中间板停止移动，迫使弹簧 16 和顶销 14 离开导柱 13。此时，模具又沿着 B-B 分型面打开。继续开模，推出机构开始工作，推杆 4 碰到推件板 9 最终将塑件顶出。在此模具中，导柱既为中间板提供导向，又能限制中间板的移动，大大减少了模板上的杆孔，特别适合生产结构紧凑的小型模具。

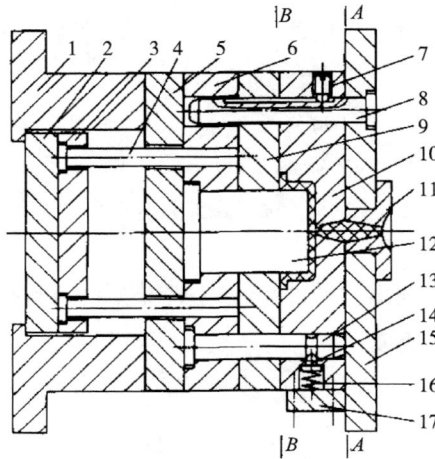

1—支架；2—推板；3—推杆固定板；4—推杆；5—支承板；6—动模板；7—定距螺钉；
8—导柱；9—推件板；10—中间板；11—主流道衬套；12—型芯；13—导柱；
14—顶销；15—定模座板；16—弹簧；17—压块

图 2-63　导柱定距式双分型面注塑模

课后练习

一、填空题

1. 双分型面注塑模又称_____，适用于_____进料的单腔或者多腔模具。

2. 为控制分型面的打开顺序和分型距离，需要在模具上增设_____机构。

二、问答题

1. 在结构组成上，单、双分型面注塑模有哪些部分是不同的？

2. 标出图 2-64 中各零件的名称，并找出顺序分型或定距分型机构零件。

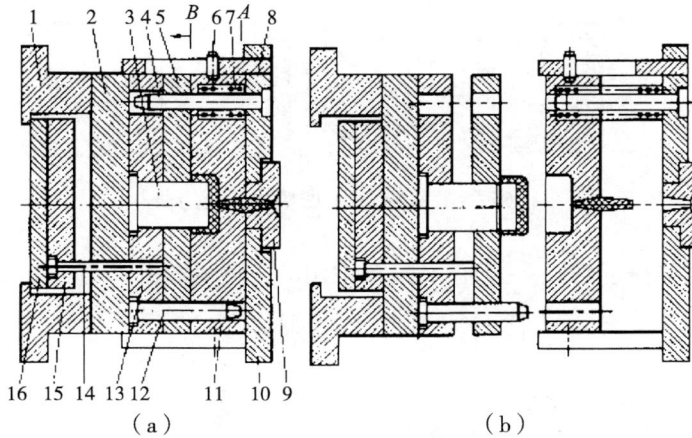

（a）　　　　　　　　　（b）

图 2-64　双分型面注塑模

单元4　斜导柱侧抽芯注塑模

在图 2-65 中，我们看到塑件带有侧孔、凹槽、凸台，那就需要把侧向型芯或者凹模做成活动件。在顶出塑件之前，必须先将这些侧向凸模或型芯移出，而后塑件才能被顺利顶出。我们把使侧向凸模或型芯抽出和复位的机构称为侧向抽芯机构。

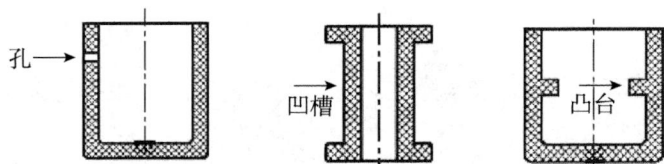

图 2-65　侧面带有孔、凹槽或凸台的塑件

图 2-66 是斜导柱侧抽芯注塑模，这是常用的一种侧向分型与抽芯机构，我们以此为例进行学习。

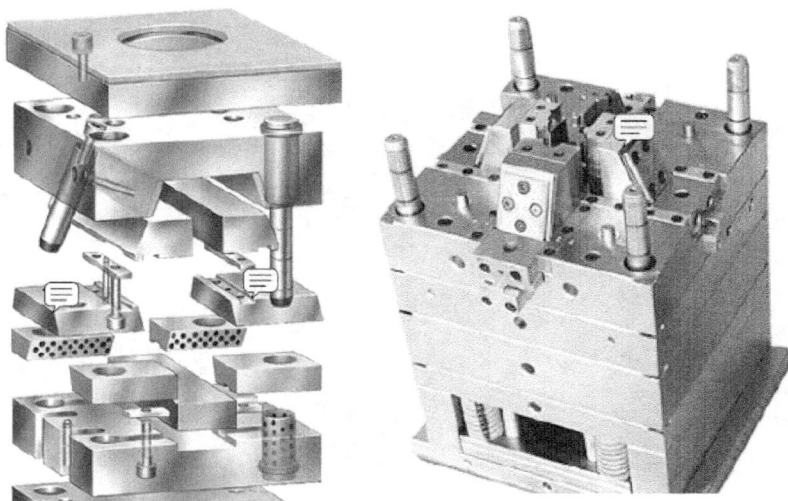

图 2-66　斜导柱侧抽芯注塑模

【知识目标】

①掌握斜导柱侧抽芯注塑模的结构和工作过程，并能说出模具各零件的名称及作用；

②掌握常见斜导柱侧抽芯注塑模的典型结构。

【素养目标】

①培养学生勇于攻坚克难的精神；

②培养学生安全文明生产和遵守操作规范、规程的意识；

③培养学生精益求精、一丝不苟的工匠精神；

④培养学生观察能力、学习能力和协调能力。

一、斜导柱侧抽芯注塑模

1. 斜导柱侧抽芯注塑模结构组成

这种模具主要利用斜导柱及其他零件使侧型芯产生侧向移动，以达到侧向抽芯与分型的目的。因其结构紧凑、动作可靠、加工方便，在工业生产中得到广泛应用。但其抽芯距不大，一般用于抽芯距小于80mm的模具生产。

斜导柱侧抽芯机构主要由斜导柱、滑块、导滑槽、楔紧块和定距限位零件等组成，如图2-67所示。

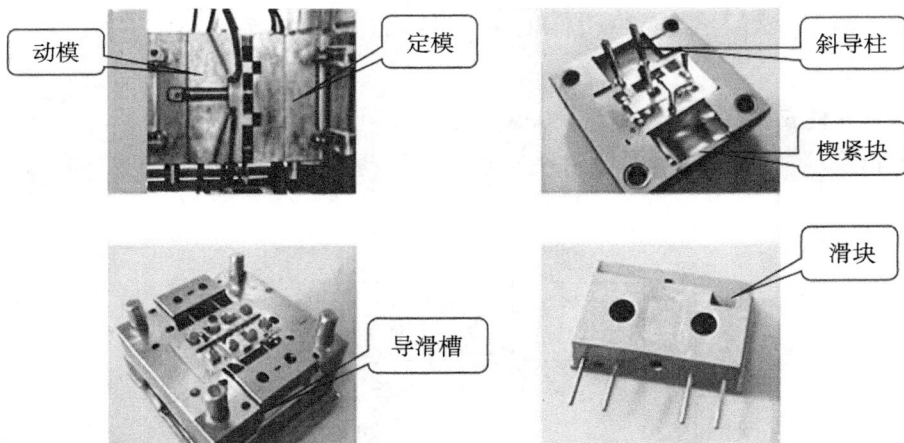

图2-67 斜导柱侧抽芯机构的结构

2. 斜导柱侧抽芯机构注塑模的工作过程

图2-68中因为塑件有一个侧向通孔，所以采用了斜导柱侧抽芯机构。模具开模时，其动模部分向左移动，来自注塑机的开模力则通过斜导柱10来驱动侧型芯滑块11，由于动模板4内开设了导滑槽，迫使滑块向外滑动，直到滑块的侧型芯与塑件完全分开，此时便完成了侧向抽芯的动作。接下来，塑件会跟随型芯12继续左移，直到注塑机顶杆碰到模具的推板20，推出机构开始工作，最终由推杆17将塑件从型芯上顶出。模具合模时，推出机构复位，斜导柱拨动侧型芯滑块移动直至复位，再由楔紧块将滑块锁紧。

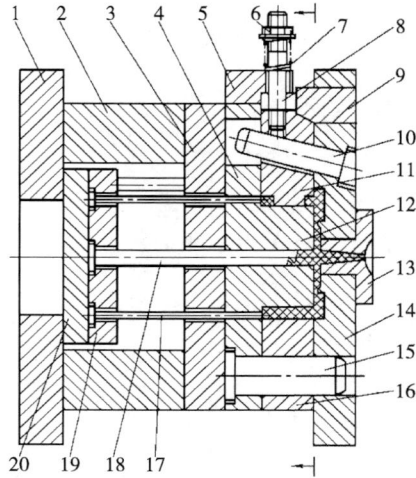

1—动模座板；2—垫块；3—支承板；4—动模板；5—挡块；6—六角螺母；7—弹簧；
8—拉杆；9—楔紧块；10—斜导柱；11—滑块；12—型芯；13—主流道衬套；14—定模座板；
15—导柱；16—定模板；17—推杆；18—拉料杆；19—推杆固定板；20—推板

图 2-68　斜导柱侧抽芯机构

二、常见斜导柱侧抽芯机构的应用形式

1. 斜导柱安装在定模，侧滑块安装在动模

斜导柱安装在模具定模、侧滑块安装在模具动模是应用最广泛的结构形式，如图 2-69 所示。

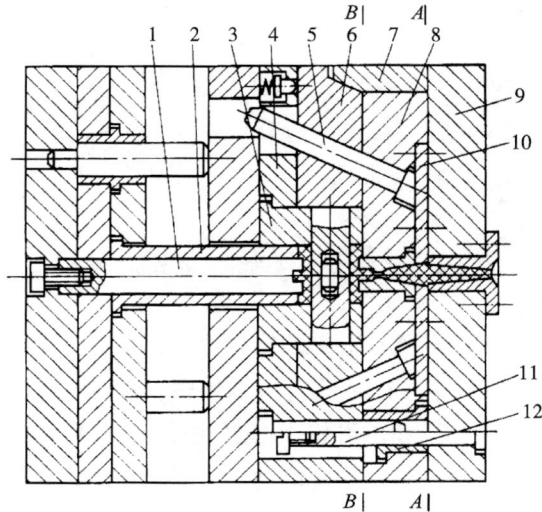

1—型芯；2—推管；3—型芯；4—型芯固定板；5—斜导柱；6—滑块；7—楔紧块；8—中间板；
9—定模座板；10—垫板；11—拉杆导柱；12—导套

图 2-69　斜导柱在定模、侧滑块在动模的结构

2. 斜导柱安装在动模、侧滑块安装在定模

斜导柱安装在模具动模、侧滑块安装在模具定模的结构如图 2-70 所示。这种情况下，脱模动作与侧抽芯动作不能同时进行。

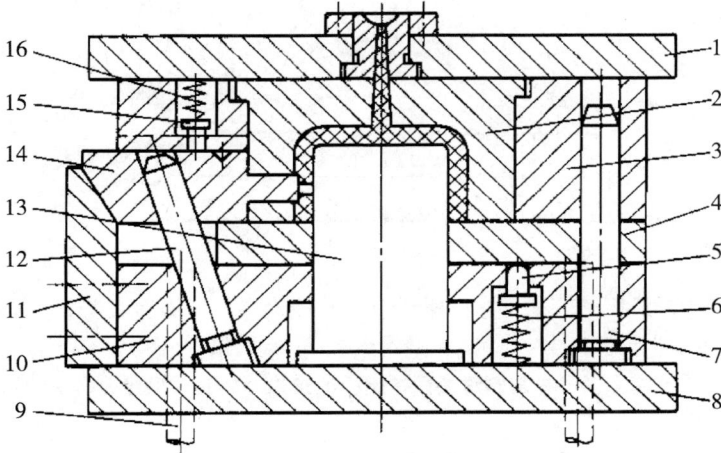

1—定模座板；2—型腔镶件；3—定模板；4—推件板；5—顶销；6—弹簧；7—导柱；8—支承板；
9—推杆；10—动模板；11—楔紧块；12—斜导柱；13—凸模；14—侧型芯滑块；
15—定位顶销；16—弹簧

图 2-70　斜导柱在动模、侧滑块在定模的结构

3. 斜导柱与侧滑块同时安装在定模

斜导柱与侧滑块同时安装在定模的结构如图 2-71、图 2-72 所示。这种结构要完成侧抽芯动作必须满足一个条件，即在模具的定模部分增加一个分型面，所以需要用顺序分型机构去实现。模具中常用弹簧式顺序分型机构（如图 2-71 所示）和摆钩式顺序分型机构（如图 2-72 所示）。

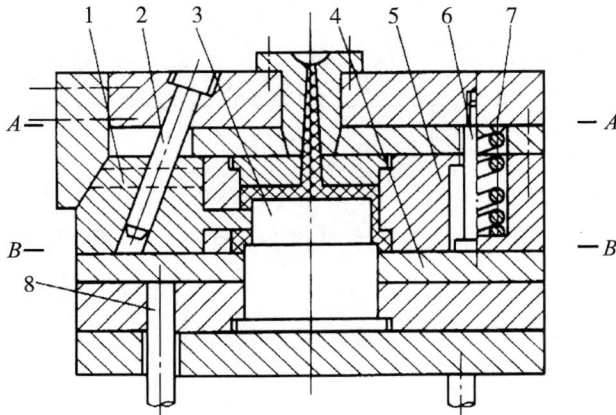

1—侧型芯滑块；2—斜导柱；3—凸模；4—推件板；5—定模板；6—定距螺钉；7—弹簧；8—推杆

图 2-71　斜导柱与侧滑块同在定模的结构（弹簧式顺序分型机构）

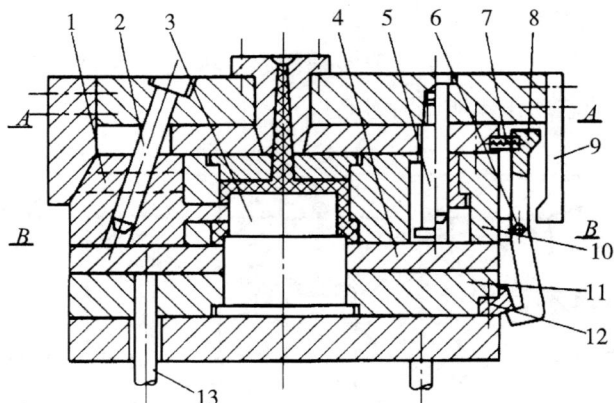

1—侧型芯滑块；2—斜导柱；3—凸模；4—推件板；5—定距螺钉；6—转轴；
7—弹簧；8—摆钩；9—压块；10—定模板；11—动模板；12—挡块；13—推杆

图 2-72　斜导柱与侧滑块同在定模的结构（摆钩式顺序分型机构）

4. 斜导柱与侧滑块同时安装在动模

如图 2-73 所示，斜导柱与侧滑块同时安装在动模部分时，一般通过推出机构来实现斜导柱与侧滑块的相对移动。这种模具结构的侧滑块始终不脱离其斜导柱，所以无须设置侧滑块定位装置，其推出机构一般采用推件板。因此，这种结构主要用在抽芯力和抽芯距都不大的生产中。

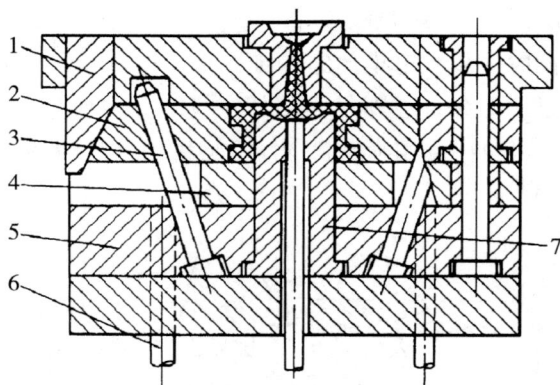

1—楔紧块；2—侧滑块；3—斜导柱；4—推件板；5—动模板；6—推杆；7—型芯

图 2-73　斜导柱与侧滑块同在动模的结构

课后练习

一、填空题

1. 塑件的侧面带有孔或凹槽，模具应设有_____机构。

2. _____主要由斜导柱、滑块、导滑槽、楔紧块和定距限位装置等组成。

二、问答题

1. 斜导柱侧抽芯机构主要包括哪些零件？

2. 简述常见斜导柱侧抽芯机构的应用形式。

3. 指出图中所指示的零件的名称，并简述其工作原理。

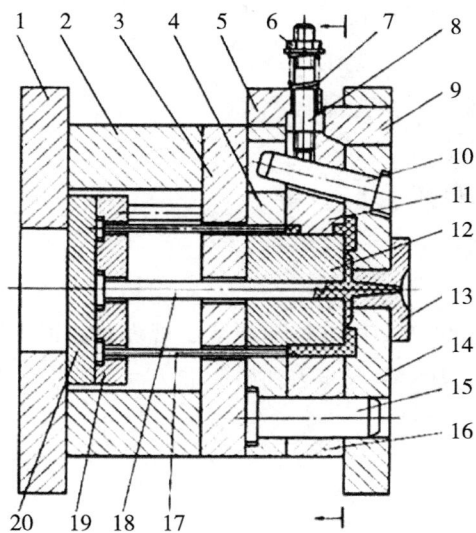

图 2-74 斜导柱侧抽芯注塑模

单元 5　其他塑料成型模具

塑料成型的常用方法主要有：注塑成型、挤出成型、压缩成型和压注成型等，与这些成型方法对应的模具则分别为注塑模具、挤出模具、压缩模具和压注模具等。

【知识目标】

①了解热流道注塑模的优点及工作过程；

②了解压缩模成型原理及典型结构；

③了解压注模成型原理及典型结构；

④了解挤出成型原理；

⑤了解气动成型原理及分类。

【素养目标】

①培养学生安全文明生产和遵守操作规范、规程的意识；

②培养学生的观察能力、学习能力和协调能力。

一、热流道注塑模

1. 热流道注塑模的优点

热流道注塑模是在每次注塑成型结束后，只取出其塑料制品，但其流道产生的料则不必取出，让流道里的料始终保持熔融状态，真正地实现了无废料加工，这样大大节约了塑料，还有利于成型压力的传递，并保证了产品的质量，提高了生产效率，实现了自动化操作。

塑料制品，其热流道注塑模分为两种，即绝热流道注塑模和加热流道注塑模。以下将加热流道注塑模简称为热流道注塑模。

2. 热流道注塑模工作过程

如图 2-75 所示，注塑时，塑料熔体通过注塑机喷嘴 21 流进浇口套 19，热流道板 15 装有电加热圈，这样能进行加热，从而保证塑料熔体的温度，但二级喷嘴 14 并无加热装置，它的热量则靠热传导获得，因此，二级喷嘴应该用导热性能好的材料制作。这样能保证注塑时，有一部分塑料会流入凹模 12 和二级喷嘴 14 之间，以形成隔热层，让喷嘴有足够的温度，使凹模和二级喷嘴中间内部的塑料始终处于熔融状态。隔热板

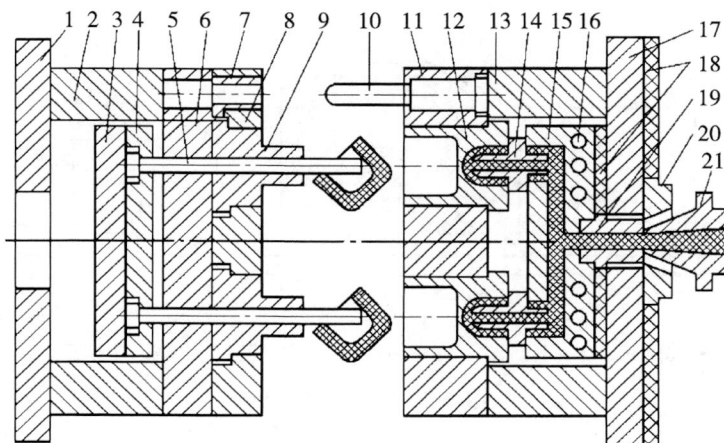

1—动模座板；2—垫块；3—推板；4—推杆固定板；5—推杆；6—支承板；7—导套；
8—型芯固定板；9—型芯；10—导柱；11—定模板；12—凹模；13—垫块；14—喷嘴；15—热流道板；
16—加热器孔道；17—定模座板；18—绝热层；19—流口套；20—定位圈；21—注塑机喷嘴

图2-75　主流道型绝热流道注塑模

用于定模座板17和热流道板的隔热以使其保持各自的温度。

　　开模时，模具动模部分后退，浇口被拉断，塑件仍然紧包在型芯9上，当动模部分后退至一定的距离时，推出机构开始工作，当注塑机的顶杆碰到推板3时，由推杆5顶出塑件。合模时，在导套7和导柱10的作用下，动模和定模闭合，推出机构复位。然后，注塑机开始下一次注塑。

二、压缩模

1. 压缩成型原理

　　压缩成型多用于成型热固性塑料和一些黏度很高的热塑性塑料，压缩成型使用的成型设备是压力机。

　　压缩成型原理如图2-76所示，它的基本工作过程是将固体原料（一般为粒状或粉状）加入模具型腔中，通过安装在模具外部或者安装在工作台上的加热器对物料进行加热，同时通过凸模对物料进行加压，物料熔融流动充满型腔，通过调节控制温度和压力进行塑化然后冷却固化，脱模后得到塑件。

　　与注塑成型模具相比，压缩成型模具结构简单，没有浇注系统，制品组织致密度高，取向性小，性能均匀，收缩率小，可用普通压力机生产；但其生产周期长，效率低，劳动强度大，生产出的模具寿命短，故压缩成型的应用受到一定限制。

2. 压缩模的典型结构

　　典型的压缩模结构分为上模和下模两大部分。上模装在压力机的上工作台面或滑

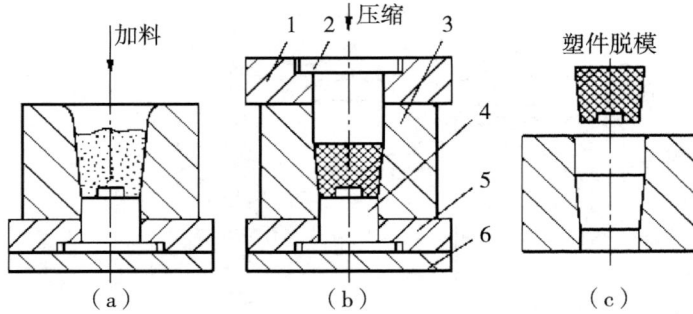

1—凸模固定板；2—上凸模；3—凹模；4—下凸模；5—凸模固定板；6—垫板

图 2-76　压缩成型原理

块端面上，下模固定在压力机的下工作台面上。上、下模闭合形成型腔。上、下模分离，利用推出装置将塑件推出模外。如图 2-77 所示，该模具可分为上模和下模两大部分。上、下模的运动需要用导柱、导套导向。模具开模时，上模部分向上移动，在凸模 3 脱离下模一段距离时，人工将侧型芯 20 抽出，然后压力机顶杆 18 会推动推杆 11 将塑料制品顶出。在加料前，先将侧型芯 20 复位。当加料、合模后，热固性塑料会在加料腔和型腔中受热、受压，达到熔融状态而充满型腔；待其固化后开模，取出塑料制品。

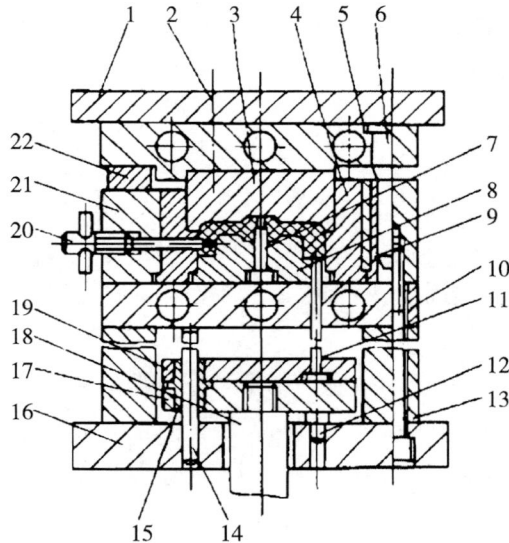

1—上模座板；2—螺钉；3—凸模；4—凹模；5—上加热板；6—导柱；7—型芯；8—凸模；9—导套；10—下加热板；11—推杆；12—限位螺钉；13—垫块；14—推板导柱；15—推板导套；16—下模座板；17—推板；18—压力机顶杆；19—推杆固定板；20—侧型芯；21—模套；22—限位块

图 2-77　压缩模的典型结构

三、压注模

1. 压注成型原理

压注成型是一种热固性塑料的成型方法，它是在压缩成型的基础上发展而来的，压注成型所用的成型设备是液压机。如图 2-78（a）所示，压注成型时，先将塑料原料放到闭合模具的加料腔中，让塑料在加料腔里受热塑化。如图 2-78（b）所示，熔融的塑料在压力的作用下，进入加料腔底部的浇注系统，然后进入闭合的型腔。如图 2-78（c）所示，塑料熔体在型腔中继续受热、受压，最终固化成型，此时打开模具并取出塑件。

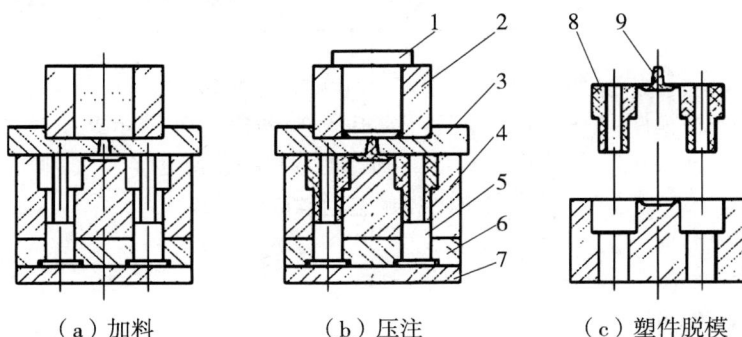

（a）加料　　　　　　（b）压注　　　　　　（c）塑件脱模

1—压注柱塞；2—加料腔；3—上模座；4—凹模；5—凸模；6—凸模固定板；
7—下模座；8—塑件；9—浇注系统凝料

图 2-78　压注成型原理

我们将压注成型和压缩成型进行对比，发现压注成型的工艺过程与压缩成型基本相同，其主要区别是：压缩成型是先加料然后闭模，压注成型则是先闭模后加料。我们再将压注成型和注塑成型进行对比，两者相同之处是塑料熔体都会通过浇注系统进入型腔；不同之处在于压注成型时塑料是在模具加料腔内进行塑化，而注塑成型时塑料是在注塑机的料筒内进行塑化。也就是说，压注成型克服了压缩成型的缺点，又吸收了注塑成型的优点，它是在两种成型技术的基础上发展起来的。

2. 压注模的典型结构

我们以图 2-79 为例简述压注模的工作过程。模具上安装加热装置，压柱 3 和上模座板 1 都固定在压力机的上工作台，而下模则固定在压力机的下工作台。开模时，压力机上工作台带动上模座板 1 上升，压柱 3 离开加料腔 4，A-A 分型面分型，以便在该处取出主流道凝料。当上模座板上升至一定的高度时，拉杆 17 上的螺母会迫使拉钩 9 发生转动，使拉钩与下模部分脱离。这时，定距导柱 6 使 B-B 分型面打开，推出机构将塑件从该分型面处顶出。合模时，复位杆 11 带动推出机构复位，这时拉钩 9 则靠自重将下模部分锁住。

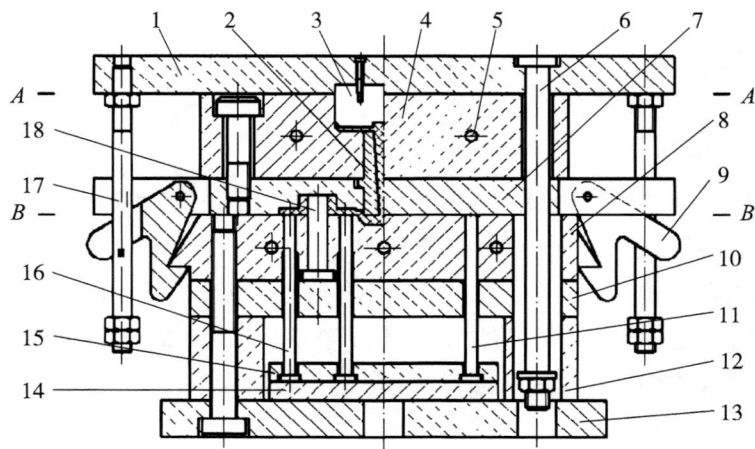

1—上模座板；2—浇口套；3—压柱；4—加料腔；5—加热器安装孔；6—定距导柱；
7—上（凹）模板；8—下模板（型芯固定板）；9—拉钩；10—支承板；11—复位杆；
12—垫块；13—下模座板；14—推板；15—推杆固定板；16—推杆；17—拉杆；18—型芯

图 2-79　压注模具

四、挤出成型

挤出成型又称为挤塑、挤压成型。挤出成型用途广泛，多用于生产连续型材的成型加工，如塑料管材、塑料棒材、塑料板材、塑料线材和塑料薄膜等。

图 2-80 是挤出成型原理。先将粒状或粉状的塑料原料加入挤出机料筒内来加热熔融，使之达到黏流态，再利用挤出机的螺杆旋转或柱塞对其加压，使塑化好的塑料通过挤出模具的口模，从而成为形状和口模相仿的黏流态塑料熔体。经冷却定型后，借助牵引装置拉出，成型出具有一定形状和尺寸的塑件。最后经切断器定长切断后置于卸料槽中。

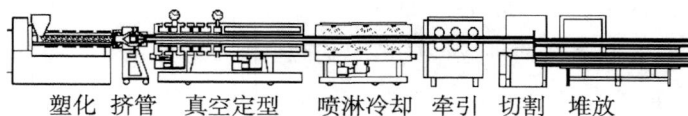

塑化　挤管　真空定型　喷淋冷却　牵引　切割　堆放

图 2-80　挤出成型原理

五、气动成型

气动成型是利用压缩空气抽真空的方法，成型塑料瓶、罐、盒、箱类的塑件制品。气动成型主要包括中空吹塑成型、真空成型和压缩空气成型。

1. 中空吹塑成型

中空吹塑又称吹塑模塑,是将从挤出机挤出的、还处于软化状态的管状热塑性塑料原坯料放入成型模,再通入压缩空气,在空气的压力下,坯料沿模腔产生变形,最终吹制成颈口短小的中空塑料制品的成型方法。目前,中空吹塑已经广泛用于生产各种薄壳形状的中空制品、一些日用包装容器和儿童玩具等。

2. 真空成型

真空成型是先将塑料片材进行加热,再将其与模具型腔表面之间的封闭空腔抽真空,使塑料片材在气体压力下产生塑性变形,从而紧贴在模具型面上,最终成为塑料制品的成型方法。

3. 压缩空气成型

压缩空气成型是利用压缩空气的压力,把加热软化后的塑料片材压入模具型腔,使其贴合在型腔表面的成型方法。

📋✓ **课后练习**

问答题

1. 热流道注塑模有哪些优点?

2. 压缩成型有何特点?说明其应用场合。

3. 压注成型与压缩成型和注塑成型相比较,各有何优缺点?

4. 简述挤出成型的应用场合。

5. 简述气动成型的应用场合。

模块三　模具先进加工制造技术

　　迅速发展的模具制造技术，已成为现代制造技术的重要组成部分，如数控电火花线切割加工技术、电火花成型加工技术、数控多轴加工技术、快速成型技术等，几乎覆盖了所有现代制造技术。

　　这些先进的模具加工制造技术可以提高模具的质量、精度和生产效率，满足不同行业对模具分析、设计、生产制造的需求。随着科技的不断进步，模具加工制造技术一直在不断发展和创新。

单元 1　数控电火花线切割加工技术

数控电火花线切割加工（以下简称"线切割"）广泛应用于加工模具的凸模、凹模，电火花成型机床的工具电极、细微复杂形状的小工件或窄缝、工具量规、工件样板等，并可通过对薄片进行重叠加工来获得一致尺寸和形状的零件。线切割机床分为快走丝和慢走丝两种。慢走丝多用于加工尺寸精度和表面粗糙度比较高的工件。

【知识目标】

①认识并熟悉线切割机床的组成及工作原理；
②熟悉并掌握线切割特点及应用；
③熟悉并掌握线切割机床的分类及线切割加工过程。

【素养目标】

①培养学生精益求精、一丝不苟的工匠精神；
②培养学生独立决策、完成任务的能力；
③培养学生读图识图、规范操作设备的能力。

一、认识线切割

1. 线切割机床

一台普通的线切割机床总体上由机床部分、脉冲电源、数控装置三部分组成，如图 3-1 所示。

（1）机床部分

机床部分主要由床身、丝架导丝机构、运丝机构、数控坐标工作台、冷却系统等组成，是机床的主要部分，如图 3-2 所示。

①床身。床身用于连接和支撑工作台、运丝机构等部件，内部安放机床电器和工作液循环系统。

②丝架导丝机构。丝架导丝机构的作用是把钼丝支撑成垂直于工作台的一条直线，来对零件进行加工。有的机床丝架上有两个拖板（U、V），分别由两个步进电机带动，可用来加工带斜度的锥体。

③运丝机构。运丝机构的作用是推动绕在储丝筒上的钼丝通过丝架做变换方向的反

图 3-1　快走丝线切割机床

图 3-2　机床部分

复送丝运动，钼丝在整体长度上均匀参与线切割来保证精度，同时可延长丝的使用寿命。

　　④数控坐标工作台。数控坐标工作台用于安装工件，并带动工件在工作台上作 X、Y 两方向的移动。工作台由两个步进电机分别驱动，分上、下两层，分别与 X、Y 方向的丝杠相连。

　　⑤冷却系统。冷却系统由工作液泵、工作液箱、循环导管和工作液组成。工作液起冷却、绝缘、排屑作用。每次脉冲放电后，钼丝与工件之间必须快速恢复到绝缘状态，否则脉冲放电就会变为持续稳定的电弧放电，影响线切割加工件的质量。工作液

能冲走加工过程中电极之间产生的金属颗粒，保证加工的顺利进行。工作液还可以冷却受热的工件和电极，防止工件变形。

（2）脉冲电源

脉冲电源是线切割的工作能源，由振荡器与功放板组成，振荡器的脉宽、振荡频率和间隔比均可调节。加工过程中钼丝连接电源的负极，工件连接电源的正极。可根据加工零件的厚度、材料来选择不同的电流、脉宽和间隔比。

（3）数控装置

数控装置是线切割机床的核心部分，接收输入装置输送的脉冲信号，通过数控装置的系统软件或逻辑电路进行编译、运算、逻辑处理后，输出各种指令和信号，控制机床各部分有序运转。

2. 机床的分类

线切割机床通常分为两类：慢走丝与快走丝。

慢走丝线切割机床的电极丝做单向低速运动，通常走丝速度低于 0.2m/s，精度达0.001mm 级，表面质量接近磨削水平。慢走丝中的电极丝放电加工后不能再重复使用，具有工作平稳、抖动小、均匀、加工质量较好的优点，所以慢走丝线切割机床广泛应用于加工高精度的零件。图 3-3 所示为慢走丝线切割机床。

图 3-3　慢走丝线切割机床

快走丝线切割机床的电极丝做高速往复运动，通常走丝速度为 8～10m/s。目前，国内制造使用的线切割机床大多是高速走丝机床，如 DK77 系列，D 代表电加工机床，K 表示数控，前一个 7 为机床的组别代号，后一个 7 表示快走丝线切割机床。最后两位表示线切割机床工作台的横向行程，如 DK7725 的"25"表示横向行程为 250mm 的机床工作台。我国线切割机床的主要规格及技术参数可参见表 3-1。

表 3-1　　　　　　　　　　主要规格及技术参数

型号	DK7720	DK7725	DK7732	DK7740	DK7750	DK7763
工作台行程 （X 向行程× Y 向行程）/mm	200×250	250×320	320×400	400×500	500×630	630×1000
丝架跨度/mm	300	400	400	400	500	600
手轮移动/转	1	4	4	4	4	6
切割锥度角/°	3~6	3~6	3~6	6~12	6~30	6~30
加工精度/mm	≤0.015	≤0.015	≤0.015	≤0.015	≤0.015	≤0.020
最大切割圆 弧半径/mm	999.999	999.999	999.999	999.999	999.999	999.999
脉冲当量/mm	0.001	0.001	0.001	0.001	0.001	0.001
工件承重/kg	125	150	200	320	500	1200
钼丝直径/mm	0.12~0.18	0.12~0.18	0.12~0.18	0.12~0.18	0.12~0.18	0.12~0.18
机床重量/kg	1000	1200	1400	1600	1800	2500
机床尺寸 （长×宽× 高）/mm	1250×1000× 1200	1500×1200× 1500	1500×1200× 1600	1800×1500× 1600	2000×1700× 1600	2100×1800× 2000

二、线切割工作原理

线切割是通过电极与工件之间脉冲放电，对工件进行电腐蚀加工的一种加工工艺。如图 3-4 所示，线切割采用连续移动的金属丝作为电极丝，工件连接脉冲电源的正极，电极丝连接负极，工件放置在工作台上相对电极丝按预定的要求运动，使电极丝沿着要求的路线进行电腐蚀切割加工。

线切割机床主要适用于淬火钢、硬质合金等特殊金属材料的切割，加工金属切削机床难以正常加工的、形状复杂的零件，广泛应用于各类模具行业。

加工过程中，循环流动的工作液将电蚀产物带走；电极丝以某一特定的速度运动，在减少电极损耗的同时，能够做到不被火花放电烧断。

三、线切割特点及应用

1. 线切割特点

①无须制造成型电极，用来进行线切割的材料预加工量小；

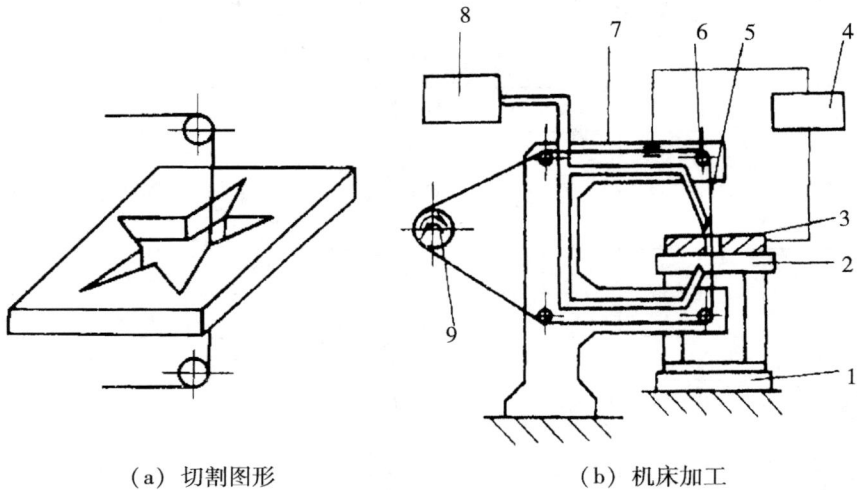

（a）切割图形　　　　　　　　　（b）机床加工

1—工作台；2—夹具；3—工件；4—脉冲电源；5—电极丝；6—导轮；7—丝架；
8—工作液箱；9—储丝筒

图 3-4　线切割示意

②能加工出形状复杂的工件、窄缝、小孔等；

③脉冲电源的加工电流小、宽度窄，属中、精加工范畴，通常采用负极性加工，即脉冲电源的正极连接被加工工件，负极连接电极丝；

④因为电极丝是运动的长金属丝，电极损耗小，因此切割面积不大的工件时产生的误差较小；

⑤线切割是对工件进行平面轮廓加工，所以材料的蚀除量小，余料还可以重复利用；

⑥工作液使用乳化液，成本低、安全。

2. 线切割应用

线切割为新品的试制、精密零件及模具制造开辟了一条新的途径，主要应用于以下几个方面。

（1）模具加工

适用于加工各种形状的模具零件。只用一次编程就可以切割凸模、固定板、凹模及卸料板等，模具加工的配合间隙、加工精度通常都能达到要求。另外，还可以加工塑料模具、挤压模具、粉末冶金模、弯塑压模等带锥度或不带锥度的模具零件。

（2）电极加工

通常可用线切割制造穿孔电极以及带锥度的型腔电极，以及加工铜钨、银钨合金之类的材料，成本比较低，也适用于加工形状复杂的微细电极。

（3）零件加工

试制新产品时，在板料上直接使用线切割割出零件，无须另行制造模具，能大大缩短模具的制造周期、降低成本。此外，变更加工程序、修改设计也比较方便，还可以多片叠在一起来加工薄件。可加工品种多、数量少、特殊的零件，以及试验样件、样板、凸轮、型孔、成型刀具等。同时，还可以进行微细加工，如异形槽加工等。

四、线切割凸模、凹模

凸模和凹模是冲压模具的成型工作零件，不同的冲压模具结构，成型工作零件的形状、尺寸差别较大。工作零件的加工质量直接影响制件的质量和模具的使用寿命。

其他模板零件也是组成冲压模具的重要零件。因而，各类模板零件的加工应当达到所需要的性能和制造精度，满足模具结构形状和冲压成形等功能要求。

1. 凸凹模的加工（如图 3-5 所示）

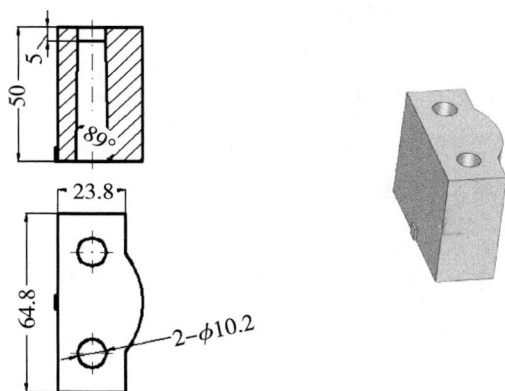

图 3-5　凸凹模零件

（1）凸凹模的加工工艺（如表 3-2 所示）

表 3-2　　　　　　　　凸凹模的加工工艺

序号	工序名称	工序内容
1	备料	锻件（退火状态）70mm×52mm×50mm
2	粗铣	铣六面尺寸
3	平面磨	磨高度两平面尺寸达 51mm
4	钳工	①画线，留出线切割夹位后，画出两孔径中心和凸凹模轮廓尺寸线； ②钻孔，按凸凹模中心孔的位置钻出中心孔的穿丝孔

序号	工序名称	工序内容
5	热处理	淬火，硬度达到 55~62HRC
6	平面磨	磨高度达到 50.4mm
7	线切割	割外形凸模、两凹模圆孔，摆斜度 1° 割 89° 的凹模孔，挂台 1mm，并留 0.01~0.02mm 的研磨余量（不需要挂台，在第 4 步钳工进行钻孔、攻螺纹固定）
8	钳工	① 磨挂台高度保证 5mm，宽为 1mm； ② 研磨凸凹模并配入凸凹模固定板； ③ 研磨侧壁达 0.8μm
9	平磨	磨高度达到要求
10	钳工	总装配

（2）凸凹模的线切割操作过程

①分析零件图，了解内容及加工技术要求；

②熟悉零件加工过程，确定线切割方案；

③启动机床电源，编制加工程序；

④检查机床各部分是否正常工作，包括电压、水泵、储丝筒等运行情况；

⑤装夹工件，装加工件并用百分表找正，用压板夹紧；

⑥根据工件的厚度来调整 Z 轴至适当高度并锁紧；

⑦穿丝并调整好储丝筒行程；

⑧找正钼丝垂直度；

⑨调整钼丝位置，用自动找中心法使钼丝位于穿丝孔中心；

⑩编制程序并输入加工程序，模拟运行；

⑪启动走丝系统；

⑫启动工作液循环系统，调整好工作液流量；

⑬启动机床，调整加工参数，放电加工；

⑭测量加工部位，检验零件是否达到要求。

2. 加工落料凹模（如图 3-6 所示）

（1）凹模的加工工艺（如表 3-3 所示）

（2）落料凹模的线切割加工操作过程

①分析零件图，了解加工内容及加工要求；

②熟悉零件加工过程，了解已加工状态，确定线切割方案；

③启动机床电源，编制加工程序；

④检查机床系统各部位是否正常运行，包括电压、储丝筒、水泵等的运行情况；

⑤装夹工件，用双支撑方式装加工件并用百分表找正，用压板夹紧；

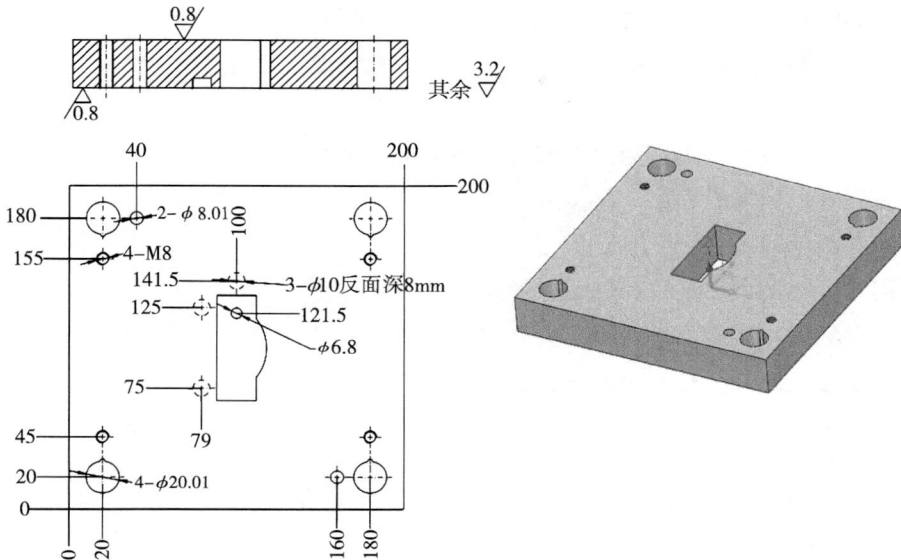

图 3-6 落料凹模零件

表 3-3   止动件凹模的加工工艺

序号	工序名称	工序内容
1	备料	锻件（退火状态）31mm×202mm×202mm
2	粗铣	粗铣六面尺寸 30.4mm×200.4mm×200.4mm，用标准角尺测量两大平面与相邻侧面达到基本垂直
3	平面磨	磨削两大平面厚度到 30.2mm，磨两相邻侧面直到四面垂直，要求垂直度达 0.02/100mm
4	钳工	①画线，画出孔径中心线、凹模洞口轮廓线尺寸； ②钻孔，钻螺纹底孔、销钉孔、穿线孔、内导柱穿线孔； ③攻丝，攻螺纹达到要求
5	热处理	淬火，硬度达到 55~62HRC
6	平面磨	磨光两大平面，四面，厚度达到 30mm，长度和宽度达到 200mm
7	线切割	割内导柱孔、凹模洞口、销钉孔，并留 0.01~0.02mm 的研磨余量
8	钳工	①研磨洞口壁内侧达 0.8μm； ②配推件块达到要求
9	钳工	使用垫片来保证凸凹模与凹模的均匀间隙，检验凹模与固定板销钉孔的配合、导柱孔与导柱的配合
10	平磨	磨凹模板上下平面，平面度、厚度达到要求
11	钳工	总装配

⑥根据线切割工件厚度调整 Z 轴至适当高度并锁紧；

⑦穿丝并调整好储丝筒行程；

⑧找正钼丝垂直度；

⑨调整钼丝位置，用自动找中心法使钼丝位于穿丝孔中心；

⑩编程并输入加工程序，模拟运行；

⑪启动走丝系统；

⑫启动工作液循环系统，调整工作液流量；

⑬启动机床，调整加工参数，放电加工；

⑭测量加工部位，检验是否达到要求。

课后练习

一、选择题

1. 如果钼丝直径为 0.18mm，线切割机床的单边放电间隙为 0.01mm，则加工圆孔时的补偿量为（　　）。

A. 0.10mm　　　　　B. 0.11mm　　　　　C. 0.20mm　　　　　D. 0.21mm

2. 当采用的补偿量为 0.12mm 时，线切割机床加工直径为 10mm 的圆孔，实际测量孔的直径为 10.02mm。如果孔的直径要达到 10mm，则采用的补偿量应为（　　）。

A. 0.10mm　　　　　B. 0.11mm　　　　　C. 0.12mm　　　　　D. 0.13mm

3. 快走丝线切割中，选用的工作液和电极丝为（　　）。

A. 纯水/钼丝　　　B. 机油/黄铜丝　　　C. 去离子水/黄铜丝　　D. 乳化液/钼丝

4. 线切割机床不能加工的材料或形状是（　　）。

A. 盲孔　　　　　　B. 圆孔　　　　　　C. 上下异形件　　　　D. 真空淬火钢

5. 对于快走丝线切割，下列选项中论述正确的是（　　）。

A. 线切割中，由于电极丝做高速运动，故工具电极丝不损耗

B. 线切割中，只存在电火花放电一种放电状态

C. 线切割中，电源可选用交流电源或直流脉冲电源

D. 线切割中，工作液一般采用乳化液或水基工作液

二、问答题

1. 线切割机床有哪些组成部分？线切割机床切割工件的工作原理及应用范围是什么？

2. 图 3-7 所示为冲裁件，材料为 Q235，厚度为 1mm，其凹模外形尺寸如图 3-8 所示，为了保证冲裁件的质量，请确定凸模、凸凹模、凹模的刃口尺寸。

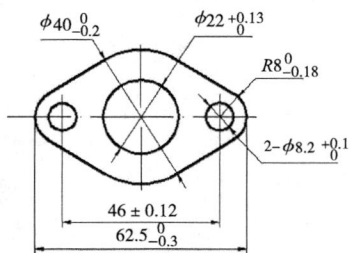

图 3-7　冲裁件

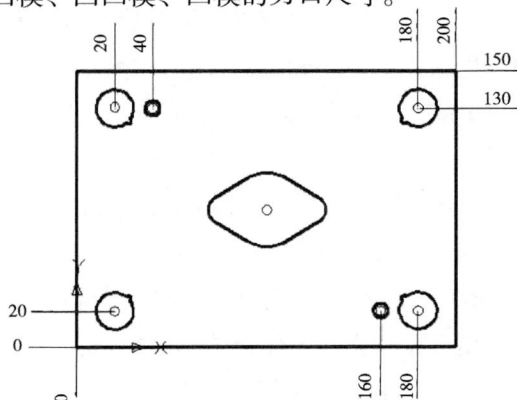

图 3-8　凹模外形尺寸

单元2 电火花成型加工技术

电火花成型加工是利用具有特定几何形状的放电电极（EDM 电极）在金属（导电）部件上烧灼出具有电极形状的几何内形，再利用火花放电时产生的腐蚀现象对材料进行尺寸加工的一种方法，常用于型腔模的加工生产，可以加工任何导电材料，且加工过程与工件材料的强度、硬度关系不大，所以可以用软的电极加工硬的工件，从而实现"以柔克刚"。

【知识目标】

①认识并熟悉电火花成型加工机床及操作步骤；
②熟悉并掌握电火花成型加工的基本原理、特点及应用方法；
③熟悉并掌握电极的安装和使用方法。

【素养目标】

①培养学生遵纪守法、爱岗敬业的精神；
②培养学生读图识图、使用设备规范操作的能力；
③培养学生良好的职业素养和行为规范意识。

一、认识电火花成型加工机床

目前，国内制造和使用的电火花成型加工机床最常见的为 DK71 系列，其中 D 表示电加工机床，K 表示数控，71 表示电火花成型加工机床，最后两位表示工作台宽度，如 DK7140 机床工作台宽度为 400mm。

如图 3-9 所示，电火花成型加工机床主要由床身、立柱、主轴头、坐标工作台等组成。

①床身和立柱。这一部分是机床的基础零件，用于安放工作台、主轴、工作液箱等。

②坐标工作台。坐标工作台由安装台面、滑板、导轨、进给丝杠、驱动电机（步进电机）等组成。坐标工作台大都采用滚柱导轨，且传动丝杠和螺母之间设有间隙消除部件，用以保证坐标工作台的高坐标精度与运动精度。

③主轴头。主轴头沿固定立柱在 Z 坐标运动。主轴头上的调整夹头用来安装电极，夹头上有 4 个水平与垂直调节螺钉和 2 个回转调节螺钉，用来调整电极方位。

④脉冲电源。脉冲电源的作用是把工频电流转变为一定频率的单向脉冲电流，给

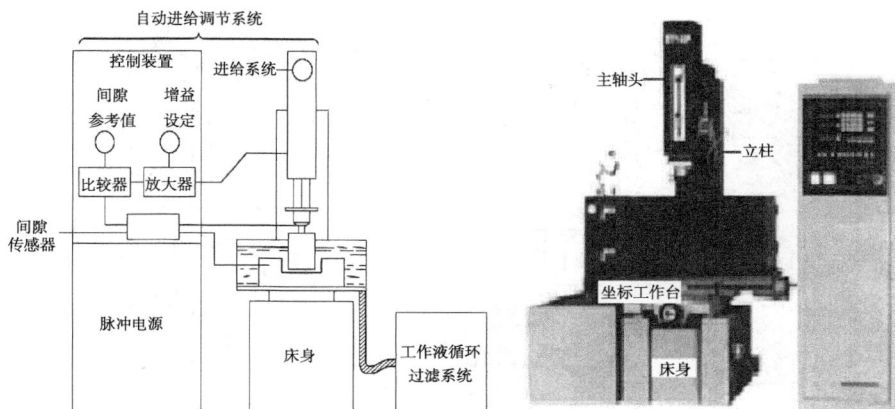

图 3-9　电火花成型加工机床

电火花加工提供放电能量。脉冲电源的性能能直接影响加工的速度、表面质量、精度以及加工过程的稳定性等。目前使用比较多的是晶闸管脉冲电源和晶体管脉冲电源。

⑤数控装置。数控装置的作用是控制坐标运动、进给自动调节、加工过程等。

⑥工作液槽及工作液系统。工作液槽用于盛放工作液，加工时槽内工作液将工件、电极浸没。工作液槽还与工作液过滤箱连通，确保工作液处于不断的循环流动状态。工作液循环过滤系统主要包括容器、工作液泵、过滤器及管道。工作液循环系统有两种工作方式，即冲油式和吸油式，可根据加工需要进行选择。

二、电火花成型加工工作原理

电火花成型加工又称放电加工，是利用工具电极和工件之间在一定工作介质中产生脉冲放电的电腐蚀作用而进行加工的一种方法。

工具电极和工件分别连接脉冲电源的两极，工具电极和工件之间保持一定的放电间隙。工作液具有绝缘作用，多数为皂化液、煤油和去离子水等。脉冲电源在两极加载到一定的电压时，在绝缘强度最低处介质被击穿，极短的时间内，放电区相继发生放电、热膨胀、抛出金属和电离等过程。当上述过程不断重复时，就出现了工件的蚀除，最后达到预定的对工件的形状、尺寸及表面质量进行加工的要求。

加工过程中工件和工具电极都会受到不同程度的电腐蚀，只是正、负两极的蚀除量不同，这种现象被称为极性效应。工件连接正极的加工方法称为正极性加工；反之，称为负极性加工。

电火花成型加工的质量和加工效率不仅与极性选择有关，还与电加工的主要参数有关，如脉冲宽度、脉冲间隔、峰值电流、放电间隙、工作液、电极材料、工件等。电火花成型加工原理如图 3-10 所示。

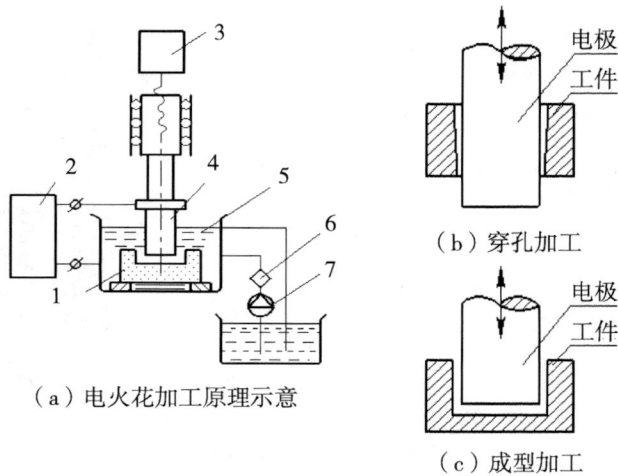

（a）电火花加工原理示意

（b）穿孔加工

（c）成型加工

1—工件；2—脉冲电源；3—自动进给调节系统；4—电极；5—工作液；6—过滤器；7—工作液泵

图 3-10　电火花成型加工原理

三、电火花成型加工与线切割的异同

（1）共同特点

①加工原理相同，二者都通过电火花放电来去除多余金属，都与加工材料的硬度无关，加工中不存在显著的机械切削力。

②加工机理、表面粗糙度、生产率等工艺规律基本类似，可加工硬质合金等一切导电材料。

③对最小角部半径都有限制。线切割中最小角部半径为电极丝的半径加上放电间隙，电火花加工中最小角部半径为加工间隙。

（2）不同特点

①加工原理：线切割是利用移动的细金属丝（铜丝或钼丝）做电极，对工件进行脉冲火花放电，进而切割成型的一种工艺方法；电火花成型加工是将电极外部形状复制到工件内部的一种工艺方法，可加工通孔和盲孔。

②产品形状：线切割中产品的形状是通过工作台按给定的控制程序移动而形成的，是对工件进行轮廓图形加工的一种方法，余料仍可利用；电火花成型加工必须先用数控等加工方法加工出与产品形状类似的工具电极。

③电极：线切割用移动的细金属丝（铜丝或钼丝）做电极；电火花成型加工必须用铜、石墨等材料制作成型用的电极。

④电极损耗：线切割中由于电极丝作连续移动，新的电极丝不断地补充和替换在电蚀加工区受到损耗的电极丝，所以电极损耗对加工精度的影响不大；而电火花成型加

工中电极相对静止，易损耗，故一般采用多个电极进行粗、精加工。

⑤加工应用：线切割只能加工通孔，可加工小孔、窄缝、形状复杂的零件；电火花成型加工可以加工通孔、盲孔和形状复杂的塑料模具型腔等，也可以用来刻文字、花纹等。

四、电极的装夹及找正

1. 电极

模具零件的加工方法多种多样，除了车、铣、刨、磨、钻，还有 CNC（计算机数控）以及电火花。无论哪种加工方式，都有刀具参与，电火花成型加工的这个电极可以认为就是放电电极的刀具。电极也叫铜公，电极材料很多，常用的有紫铜和石墨。

2. 电极的安装

①根据所用电极的形状和尺寸选择电极装夹方式。

②电极装夹后，须进行找正使其轴线与机床工作台垂直。常用的找正方法有精密角尺找正法和百分表找正法。

③电火花成型加工工件装夹比较简单，一般用百分表找正工件位置后用螺钉压板压紧在工作台上即可。

④电火花成型加工时要根据工件加工特点合理选择工作液的工作方式，并进行相应控制。

⑤在加工过程中，要及时修改和调整各项加工参数，并观察各项参数变化对加工过程的影响。

五、电火花成型加工操作步骤

电火花成型加工前，先准备好工具电极、工件毛坯、夹具、压板等装夹工具，然后按以下步骤操作。

①启动机床电源进入系统；

②检查机床各部分是否正常运行；

③编制加工程序；

④安装电极并进行方位找正操作；

⑤装夹工件；

⑥移动 X、Y、Z 坐标，调整电极位置，如图 3-11 所示；

⑦调整加工参数，运行加工程序并开始加工；

⑧监控运行状态。

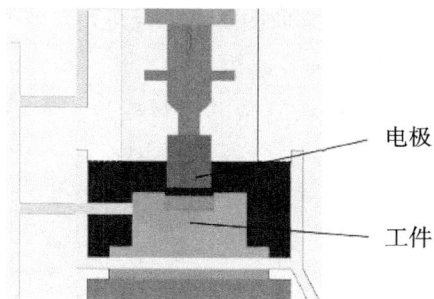

图 3-11　电极和工件安装

六、电极及型腔的加工

制作如图 3-12 所示的塑料盒电极并在塑料盒模具型腔的中间进行电火花成型加工得到 0.2mm 深的电极字样（如图 3-13 所示）。

图 3-12　塑料盒电极

图 3-13　塑料盒模具型腔

1. 电极的加工

（1）工具、量具准备

准备线切割机床、普通平面磨床、数控加工车床，以及游标卡尺（0~150mm）校正器、压板、活扳手、胶水、铜板（50mm×80mm×4.5mm）、铜棒（ϕ3mm）等，如图 3-14 所示。

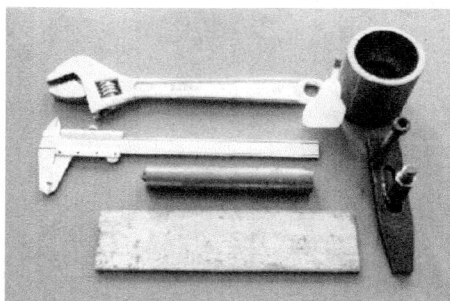

图 3-14　电极加工工具、量具

（2）电极加工工艺（如表3-4所示）

表3-4　　　　　　　　　　塑料盒模具型腔的电极加工工艺

序号	实训设备	操作步骤	备注
1	数控车床	车削铜棒至尺寸要求（$\phi20mm\times100mm$）	一端倒角0.5mm
2	平面磨床	磨削铜板至尺寸要求，保证粗糙度达到1.6μm	磨削上、下表面
3	数控车床	根据模具型腔制作粗加工电极	单边留余量0.25mm
		制作精加工电极	单边留余量0.05mm

2. 型腔的加工

（1）工具、量具准备

准备电火花成型加工机床，以及塑料盒模具型腔电极、百分表（或千分表）及表座、内六角扳手，如图3-15所示。

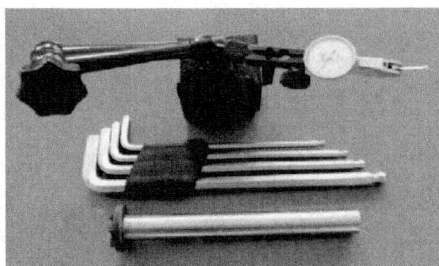

图3-15　工具、量具

（2）型腔加工工艺（如表3-5所示）

表3-5　　　　　　　　　　塑料盒模具型腔的加工工艺

序号	操作步骤	备注
1	接通机床电源，等待进入控制系统	旋开急停开关，启动电源
2	按任意键进入系统控制界面	—
3	进入手动移位状态	—
4	装夹塑料盒模具型腔并找正	找正精度控制在0.01mm以内
5	装夹型腔电极并找正	找正精度控制在0.01mm以内
6	电极定位	采用自动找中心法定位
7	编辑加工文件	合理选择加工参数
8	加工型腔	保证$Ra\leqslant3.2$
9	检查零件是否符合要求	—
10	保养机床	—

塑料盒模具型腔如图 3-16 所示。

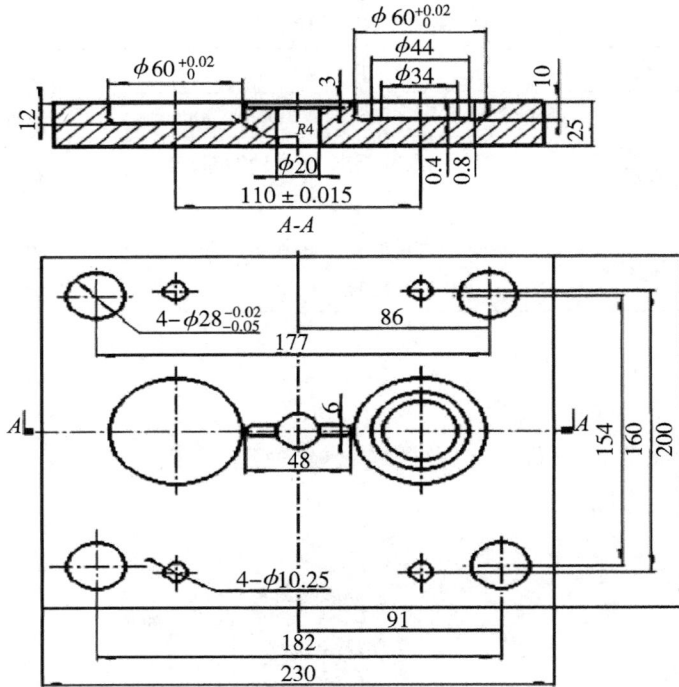

图 3-16 塑料盒模具型腔

📋✓ **课后练习**

一、填空题

1. 电火花成型加工中被加工的工件作为_____电极，连接脉冲电源的_____极，紫铜或石墨作为_____电极，连接脉冲电源的_____极。

2. 电火花成型加工机床主要由_____、_____、_____、_____等部分组成。

3. 电火花放电加工时工件和电极之间必须具有一定的_____，粗加工时较_____，精加工时较_____。

4. 电火花成型加工时选用的工作液具有一定的绝缘性能，一般称作_____，精加工时常选用_____、_____、_____作为工作液。

5. 当脉冲宽度一定时，为了最大限度地提高加工速度，在保证稳定加工的同时，应尽量_____脉冲间隔时间。

二、问答题

1. 图 3-17 与图 3-18 所示零件的形状有什么区别? 两者适合用什么样的加工方法?

图 3-17 零件 1   图 3-18 零件 2

2. 图 3-19 所示的是什么机床? 简述线切割与电火花成型加工的异同点有哪些。

图 3-19 机床

单元 3　数控多轴加工技术

　　数控多轴加工准确地说是多坐标轴联动加工。通常我们熟悉的数控机床有 X、Y、Z 三个直线坐标轴，多轴是指一台机床上至少具备第四个轴。现在最具有代表性的是五轴加工。多轴加工能同时控制四个以上坐标轴的联动，工件在一次装夹后，可进行铣、钻、镗等多工序加工，可有效地避免由于多次安装造成的定位误差，能提高加工工件的精度，缩短生产周期。随着模具制造技术的迅速发展，多轴加工技术也得到了空前的发展和应用。

【知识目标】

　　①认识并熟悉多轴加工机床的类型及加工特点；
　　②熟悉并掌握多轴加工技术的应用范围。

【素养目标】

　　①培养学生探索、创新精神；
　　②培养学生安全生产意识、规范操作使用设备的能力。

一、认识多轴加工机床

1. 多轴加工机床分类

　　一般的数控加工机床有 X、Y、Z 三个直线坐标轴，多轴加工机床在三轴机床的基本上增加了旋转轴，绕 X 轴旋转的旋转轴称为 A 轴，绕 Y 轴旋转的旋转轴称为 B 轴，绕 Z 轴旋转的旋转轴称为 C 轴，如图 3-20 所示。增加一个旋转轴为四轴加工机床，增加两个旋转轴则为五轴加工机床。

　　（1）四轴加工机床

　　①四轴旋转工作台机床。机床刚性好，受旋转台的限制，不适合加工大型零件，如图 3-21 所示。

　　②四轴旋转摆头机床。旋转灵活，适合加工各种形状和大小的零件，但是机床刚性差，不能重切削，如图 3-22 所示。

　　（2）五轴加工机床

　　①双旋转工作台机床。机床刚性好，受旋转台的限制，不适合加工大型零件，如

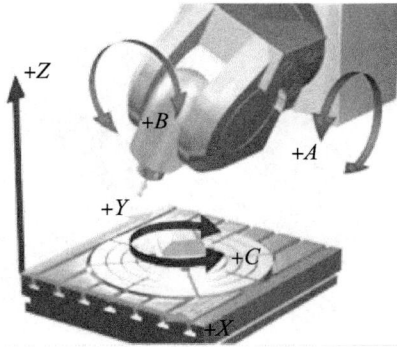

图 3-20 多轴加工机床坐标轴和旋转轴

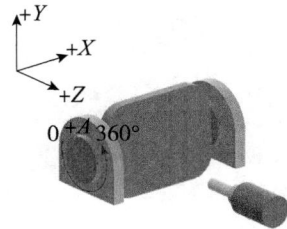

图 3-21 四轴旋转工作台机床运动模型

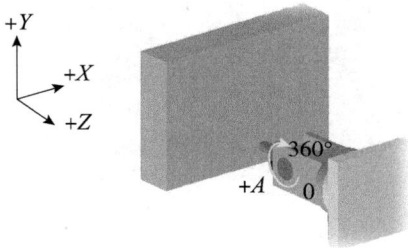

图 3-22 四轴旋转摆头机床运动模型

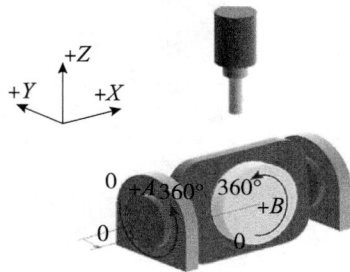

图 3-23 双旋转工作台机床运动模型

图 3-23 所示。

②转台+摆头机床。此类机床结合了双转台与双摆头机床的优点，主轴刚性较好，工作台能承受一定负载，但承受负载的能力不及双摆头，且刚性不及双转台，属于双摆头及双转台的中间类型，如图 3-24 所示。

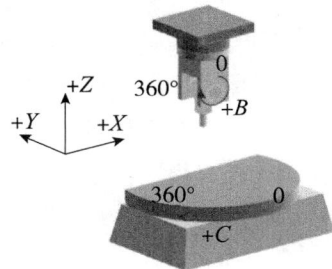

图 3-24 转台+摆头机床运动模型

2. 多轴加工的类型

模具制造技术的迅速发展，对加工中心的加工能力和加工效率提出了更高的要求。多轴加工中心可分为多轴铣削加工中心和数控车铣复合加工中心两类。

（1）多轴铣削加工中心

根据结构形式，多轴铣削加工中心一般分为立式加工中心和卧式加工中心，如图 3-25 所示。立式加工中心主轴轴线垂直于工作台，适合加工板类、盘类零件。卧式加工中心主轴轴线平行于工作台，通常具有分度工作台，可实现多面加工，在箱体类零件的加工上有优势，能减少工件装夹次数，提高加工精度和效率。

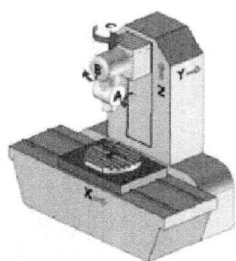

（a）立式五轴及立式加工中心

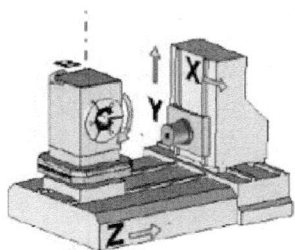

（b）卧式五轴及卧式加工中心

图 3-25　多轴铣削加工中心

根据回转轴形式，多轴数控加工中心可分为工件摆动式和主轴摆动式。工件摆动式（工作台回转轴机床）又分为工作台摇篮式和工作台旋转式两种（如图 3-26 所示）。这种设置方式的多轴加工机床主轴结构比较简单，主轴刚性非常好，制造成本比较低，但一般工作台不能设计太大，因此承重也较小。特别是当 A 轴回转角度为 290°时，工件切削会对工作台造成很大的承载力矩。该方式适用于对主轴刚性要求高、加工精度要求相对稳定、工件重量和尺寸适中的加工场景，如一般机械零件、小型模具等加工。

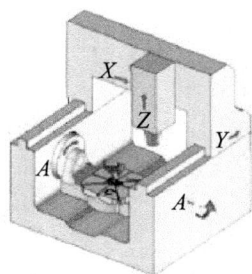

（a）工作台摇篮式　　　　　　　　（b）工作台旋转式

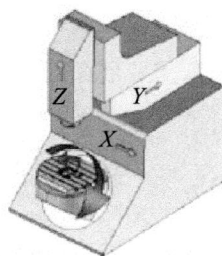

图 3-26　工件摆动式

主轴摆动式（立式主轴头回转机床）又分为主轴旋转式和主轴摇摆式两种（如图3-27所示）。这种设置方式的多轴加工机床的主轴加工非常灵活，工作台也可以设计得非常大。在使用球面铣刀加工曲面时，当刀具中心线垂直于加工面时，由于球面铣刀的顶点线速度为零，顶点切出的工件表面质量会很差，而采用主轴回转的设计，令主轴相对工件转过一个角度，使球面铣刀避开顶点切削，保证有一定的线速度，可提高表面加工质量，这是工作台回转式加工中心难以做到的。该方式常用于加工大型、复杂曲面工件，如航空航天零部件、大型模具等对表面质量和加工灵活性要求高的领域。

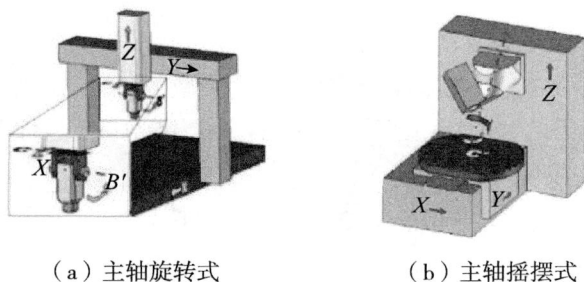

（a）主轴旋转式　　　　　　（b）主轴摇摆式

图3-27　主轴摆动式

（2）数控车铣复合加工中心

数控车铣复合加工中心是将车床、铣床加工功能整合于一体的先进数控加工设备，通过一次装夹就能完成多种加工工序。图3-28所示为数控五轴车铣复合加工机床。

图3-28　数控五轴车铣复合加工机床

数控车铣复合加工中心一般具备X、Y、Z、A、C等多个轴，通过多轴联动实现复杂加工。常配有自动换刀装置、动力刀塔等，可安装多种刀具，进行车削（如车外圆、车螺纹等）、铣削（铣平面、铣槽等）、钻孔、攻丝等多种加工操作。在汽车制造、模具制造、精密机械等行业应用广泛，如航空航天领域加工复杂薄壁零件、整体叶轮等；汽车制造领域加工发动机零部件、传动部件等；模具制造领域加工复杂型腔模具等。

二、零件多轴加工工作流程

（1）产品 3D 设计

根据产品外观及功能要求，用 CAD（计算机辅助设计）软件进行 3D 设计。CAD 软件提供多种自由曲面造型，一般可与有限元分析软件、CAM（计算机辅助加工）软件结合使用，为产品设计优化、后续加工制造提供支持。常用的 CAD 设计软件有 UG、中望、Pro/E、SolidWorks 等。

（2）刀具位置文件生成

输入产品的 3D 造型文件，利用 CAM 软件对刀具类型、参数、工艺方案、刀轴控制方式、刀具路径规则等进行设置，计算生成刀具位置文件，常用的 CAM 软件有 UG、Pro/E 等。

（3）加工程序生成

输入刀具位置文件，利用 CAM 软件对机床及数控系统特性进行设置，并计算生成加工程序。

（4）加工程序仿真模拟

借助机床模拟环境，对已生成的加工程序进行模拟仿真，查看加工动作是否合理。此步骤一般只能进行定性分析，具体加工效果应通过实践加工验证。

（5）实际加工

将已生成的加工程序拷入具体机床，进行实际加工。

三、多轴加工的特点

1. 多轴加工可加工复杂形面

多轴加工可加工复杂的形面，如复杂的模具形面、叶片形面、整体叶轮等，如图 3-29、图 3-30 所示。

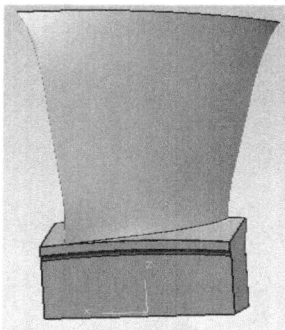

图 3-29　发动机大叶片

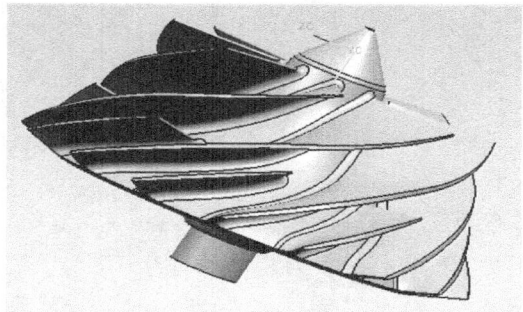

图 3-30　斜流压气机转子叶轮

2. 多轴加工可提高加工质量

（1）当用球刀加工时，倾斜刀具轴线可以提高加工工件的质量与切削效率（如图 3-31 所示）

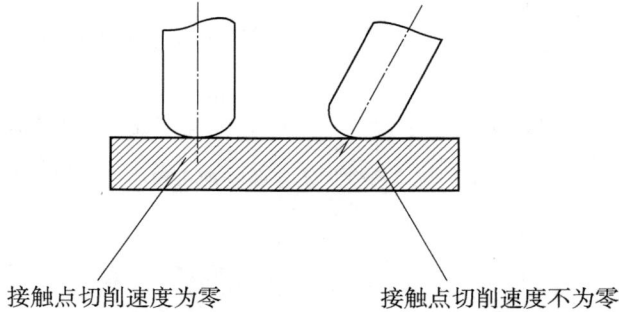

接触点切削速度为零　　　　　接触点切削速度不为零

图 3-31　倾斜刀具轴线加工

（2）把点接触改为线接触来提高加工质量（如图 3-32 所示）

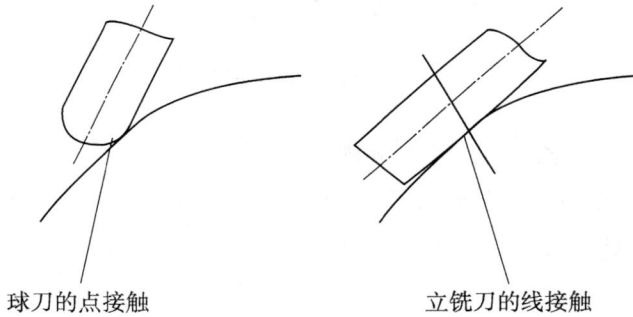

球刀的点接触　　　　　立铣刀的线接触

图 3-32　点接触与线接触加工

（3）可以提高变斜角平面质量

多轴加工利用端刃与侧刃切削，可以提高变斜角平面质量，如图 3-33 所示。

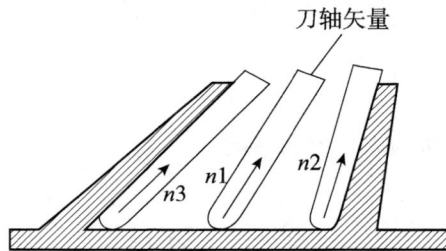

刀轴矢量

$n3$　$n1$　$n2$

图 3-33　变斜角平面加工

（4）使用多轴加工来提高叶片加工质量（如图 3-34 所示）

3. 多轴加工可提高工作效率

多轴加工可充分利用切削速度和刀具直径，如图 3-35 所示。

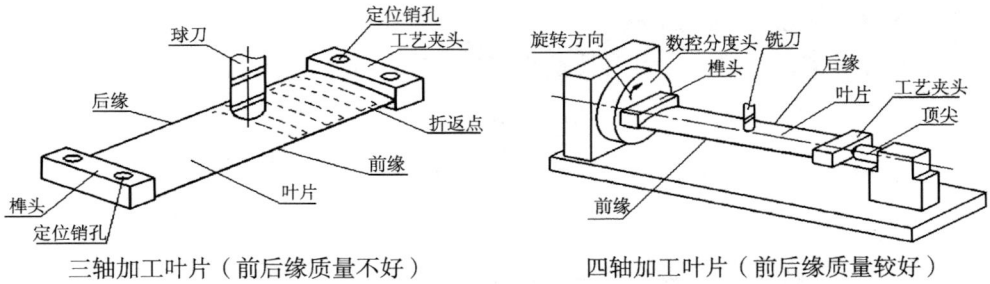

三轴加工叶片（前后缘质量不好）　　四轴加工叶片（前后缘质量较好）

图 3-34　三轴加工与四轴加工对比

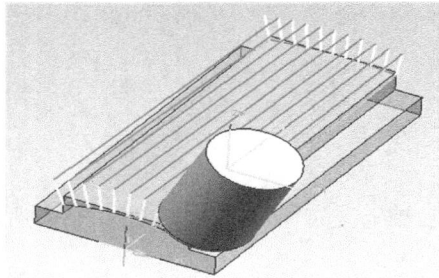

图 3-35　大直径铣刀宽行加工

4. 多轴加工编程复杂（尤其是后处理）

变轴铣、变轴顺序铣、变轴轮廓铣、固定轴曲面轮廓铣等都比较复杂，后置处理过程中还要考虑刀具的长度、机床的结构、工件的安装位置、工装夹具的尺寸关系等因素。

5. 工艺顺序不同

①三轴加工：工件建模→生成轨迹→生成代码→装夹工件→找正→建立工件坐标系→加工。

②五轴加工：工件建模→生成轨迹→装夹工件→找正→建立工件坐标系→根据原点坐标生成代码→加工。

四、多轴加工工艺步骤和安排原则

1. 多轴加工工艺步骤

多轴加工可以加工三轴加工工艺加工不了的零件，在加工过程中三轴加工通常不会改变当前加工坐标系的位置和方向，而多轴加工则需要经常对当前加工坐标系进行平移、旋转、复位。多轴加工后处理不仅要考虑控制系统类型，还要考虑旋转机床的类型和转轴的不同（A、B、C）。多轴加工过程中要考虑各种碰撞，尽可能用三轴加工去除较大的余量等。

零件加工步骤如图 3-36 所示。首先明确加工图样，确定加工方案，选装刀具并调试对刀，设定加工参数；接着编制加工程序，进行数值计算，确定切削用量并编写程序；随后检验程序有无错误并进行试运行，检查机床运行状态，确认无误后正式加工零件，加工中实时监测；最后依据质量标准验收零件，合格入库，不合格则进行原因分析，确保零件符合要求。

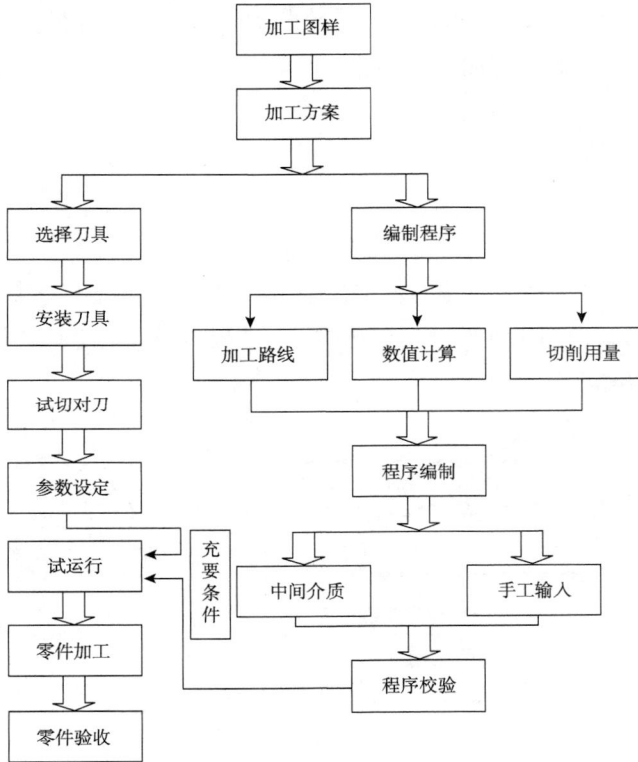

图 3-36　零件加工步骤

2. 多轴加工工艺安排原则

（1）粗加工

①用三轴加工去除较大余量；

②分层加工，留够精加工余量；

③遇到加工区域窄小或难加工的材料，刀具长径比较大时，粗加工可采用插铣方式。

（2）半精加工

①给精加工留下均匀的较小的余量；

②保证精加工时零件具有足够的刚性。

（3）精加工

①分层，分区域分散精加工；

②模具零件、叶轮等的加工顺序应遵循曲面—清根—曲面的顺序，反复进行加工；

③尽可能采用高速加工。

五、多轴加工实例：柱面凸轮凹槽的加工

柱面凸轮零件如图 3-37 所示，柱面凸轮凹槽的加工步骤如下：

①分析零件图，了解工件的几何形状、材料和工艺要求等；

②确定零件的加工工艺路线；

③进行必要的数值计算；

④编写程序单；

⑤进行程序校验；

⑥对工件进行加工：柱面凸轮的定位与装夹、用 $\phi 18$ 立铣刀分多次粗加工柱面槽、用 $\phi 20$ 立铣刀一刀次精加工柱面槽、用 $\phi 18T$ 型清根刀对槽底进行清根；

⑦工件验收和质量误差分析。

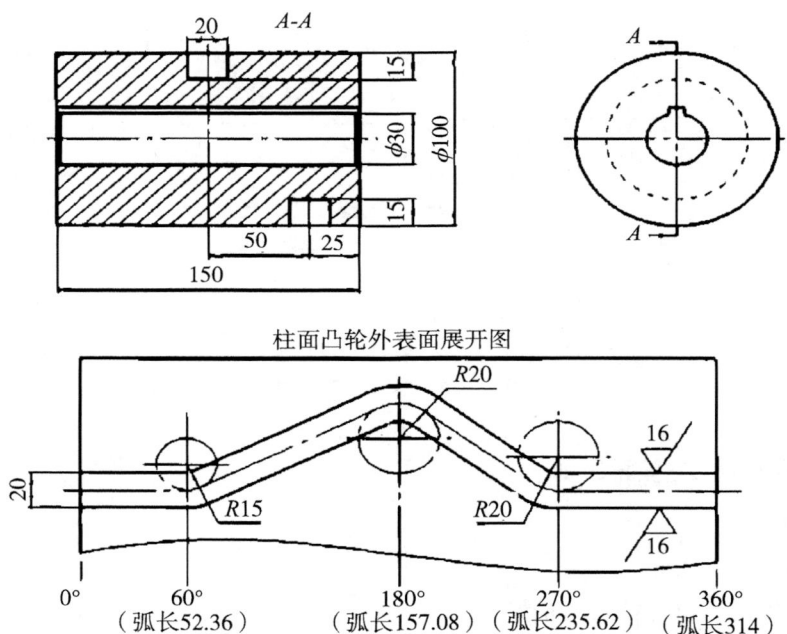

图 3-37　柱面凸轮零件

课后练习

一、填空题

1. 多轴加工是指同时控制_____个以上的坐标轴，可有效地避免由多次安装造成的_____误差，提高加工精度，缩短生产周期。

2. 多轴铣削加工中心一般分为_____加工中心和_____加工中心。

3. _____式的多轴加工机床加工非常灵活，工作台也可以设计得非常大。

4. _____式的多轴加工机床主轴结构比较简单，主轴刚性非常好，制造成本比较低，但工件切削时会对工作台造成很大的承载力矩。

5. 多轴加工可以加工三轴加工工艺加工不了的零件，加工过程中三轴加工通常不会改变当前加工坐标系的位置和方向，而多轴加工过程中则需要经常对当前加工坐标系进行_____、_____、复位。

二、看图填空题

1. 写出图 3-38 所示多轴加工机床（a）（b）（c）的类型。

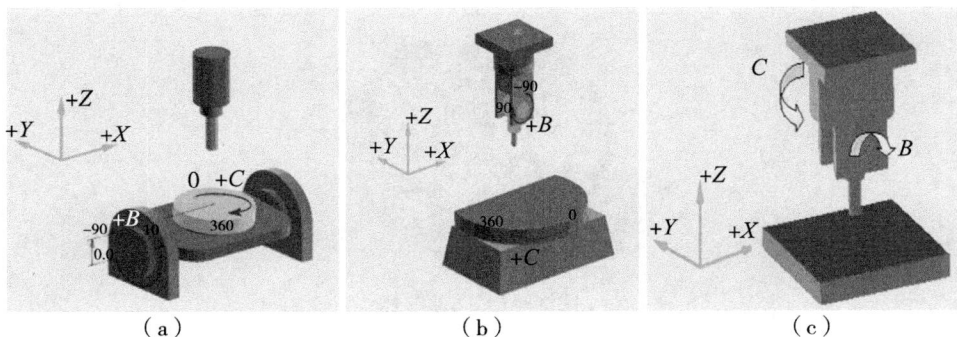

（a）　　　　　　　（b）　　　　　　　（c）

图 3-38　多轴加工机床

（a）_____　　　　（b）_____　　　　（c）_____

2. 写出图 3-39 所示两种机床的类型，并说出二者的区别及用途。

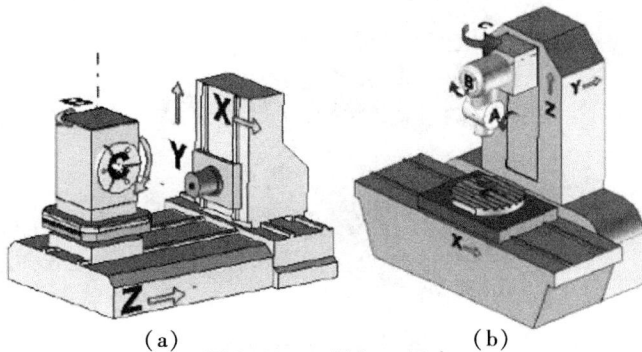

（a）　　　　　　　　　　（b）

图 3-39　五轴加工机床

（a）_____　　　　　　（b）_____

三、问答题

1. 图 3-40 所示为多轴加工机床，说出这两种机床的类型及加工应用特点。

图 3-40　多轴加工机床

2. 简述图 3-41 所示凸轮零件的加工步骤。

图 3-41　凸轮零件

3. 简述图 3-42 所示模具零件的加工步骤。

图 3-42　模具零件

单元 4　快速成型技术

快速成型技术在制造业中使用频率高、影响面广。如果没有型腔模、冲压模、压铸模、铸造模、深拉模等，就无法生产出需要的塑料件、冲压件、压铸件、锻件。没有高质量、高水平的模具，就没有高质量、高精度的产品。

随着现代科学技术的发展，产品更新换代的速度不断加快，多品种、小批量生产成为制造业的重要生产方式，对产品原型和模具的快速制造加工提出了新的要求。快速成型技术的出现与发展，为模具制造技术发展开辟了一条崭新的道路。快速成型技术是一种实用、方便、快捷的模具制造技术，广泛应用于产品开发试制、新产品工艺验证、功能验证中。

【知识目标】

①认识快速成型技术的分类及特点；
②了解快速成型技术的应用领域。

【素养目标】

①培养学生探索、创新精神；
②培养学生设计能力、创新能力和规范使用设备的能力。

一、快速成型技术的类型及原理

快速成型技术是在 20 世纪 80 年代后期发展起来的一种新型制造技术，是综合应用光学扫描、激光、CAD、CAM、计算机数控（CNC）等技术的高新技术。它摒弃了传统的机械加工方法，实现了快速制模，已被家电、汽车、航空、船舶等行业广泛应用。

与传统的机械加工相比，快速成型技术具有制模周期短、成本低的特点，精度与寿命同时能满足生产的使用要求，综合经济效益较为显著。概括起来，有以下几种代表类型。

1. 立体光固化成型

立体光固化成型（Stereo Lithography Appearance，SLA）是先通过 CAD 造型获取制品的三维模型，通过计算机控制激光，沿着一定的轨迹，对液态的光敏树脂逐层扫描，使被扫描区层层固化成一体，形成三维实体，然后经过最终硬化打光等后处理，形成模具或制件，其原理如图 3-43 所示。

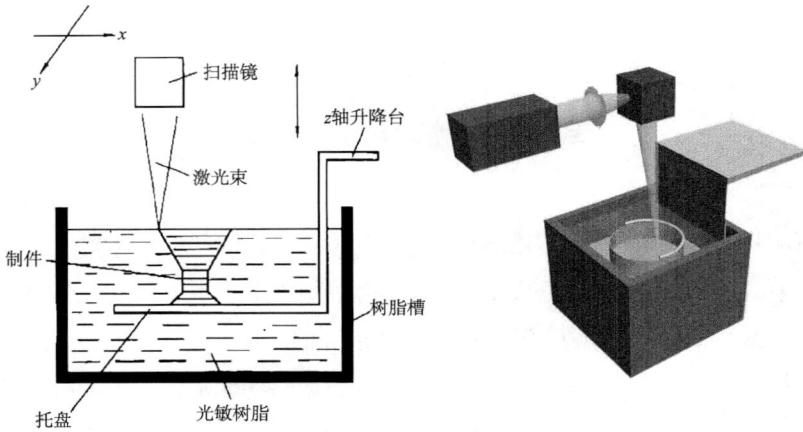

图 3-43　立体光固化成型原理

SLA 的主要特点是可成型任意复杂形状，仿真性强、精度高、材料利用率高、性能可靠、性价比较高，该技术在产品外型评估、快速制造电极、功能实验、各种快速经济模具中得到广泛应用。由于该技术所用的设备和光敏树脂价格比较贵，所以成本相对较高。

2. 薄材叠层制造成型

薄材叠层制造成型（Laminatal Object Manufacturing，LOM）工艺采用薄片材料，如塑料薄膜、纸等，片材表面事先涂敷上一层热熔胶来作为成型材料。加工时，在计算机控制下用刀或 CO_2 激光器按照 CAD 分层模型轨迹切割片材，通过热压辊，让当前层与下面已成型的工件层黏结，堆积成型，得到所需制件，如图 3-44 所示。

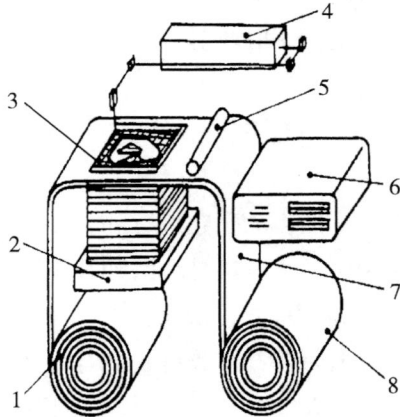

1—收料轴；2—升降台；3—加工平面；4—CO_2 激光器；5—热压辊；
6—控制用计算机；7—料带；8—供料轴

图 3-44　薄材叠层制造成型原理

LOM 的工艺特点是成型速度快，材料便宜、成本低，形状与尺寸精度稳定，但成型后废料块剥离费事。该工艺适用于汽车、航空等行业体积较大制件的制作。

3. 选择性激光烧结

选择性激光烧结（Selective Laser Sintering，SLS）是将三维模型通过分层软件分层，在计算机控制下，使激光束依据切片信息对粉末逐层扫描，直到粉末烧结固化，使粉末层层叠加堆积成三维实体制件，如图 3-45 所示。

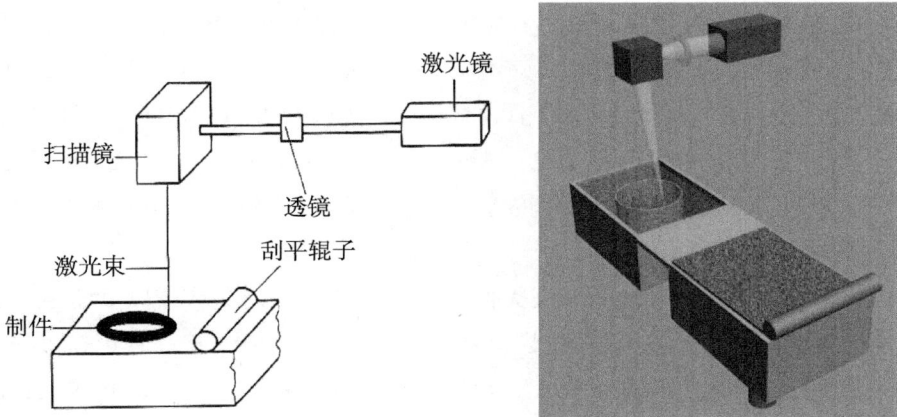

图 3-45　选择性激光烧结成型原理

SLS 技术的最大特点是能同时用几种不同材料，如聚碳酸酯、ABS 塑料、聚乙烯氯化物、尼龙、石蜡、铸造砂等制造一个零件，也可以直接制造金属零件。

4. 熔融沉积制结

熔融沉积制结（Fused Depostion Modeling，FDM）是在计算机控制下，喷嘴挤出熔融状态的材料，依据 CAD 产品模型分层软件确定的几何信息挤出半流动状态的热塑材料，然后沉积固化成精确的薄层，自下而上层层堆积成一个三维实体，可直接用来做产品或模具。

熔融沉积制造成型原理如图 3-46 所示，通过送丝机构将抽成丝的材料送进喷头，材料在喷头内被加热熔化，喷头沿零件截面轮廓和填充轨迹运动，同时熔化的材料挤出固化后与周围的材料黏结，层层堆积成型得到所需制件。

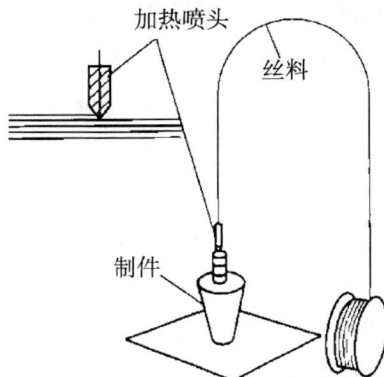

图 3-46　熔融沉积制造成型原理

FDM 工艺使用维护方便，制造成本比较低。用蜡成型的零件原型，可直接用于失蜡铸造。因用 ABS 工程塑料制造的原型强度较高，所以广泛应用在产品设计、测试、评估等方面。

5. 电弧喷涂成型制模技术

电弧喷涂成型制模技术是利用两根通电的金属丝之间产生电弧的热量将金属丝熔化，再依靠高压气体将其充分雾化，并给予一定的动能，高速喷射在样模表面，层层镶嵌，形成金属壳体。这种制模技术工艺简单、成本低，制造周期短，仅需几个小时就能制成型腔表面，能够节省金属材料和能源，一般表面厚 2~3mm，仿真性极强。目前，这种制模技术被广泛地用于汽车、飞机的内饰件，家电、制鞋、美术工艺品的生产，以及表面形状复杂、花纹精细的各种聚氨酯制品的吹塑、PVC 注射、吸塑、PU 发泡及各类注塑成型模具生产中。

6. 电铸成型技术

电铸成型技术的原理与电镀原理类似。它是以现成的制品或按图纸制成的制品样模（母模）为基准（阴极），然后将样模放置在电铸液（阳极）中，使电铸液中的金属离子还原后一层一层地沉积在样模上，形成金属壳体，将其剥离后，和样模接触的表面即为模具的型腔内表面。

电铸成型技术的主要特点是节省材料、制造周期短，电铸层硬度可达 40HRC，提高了电铸品的耐磨性，延长了使用寿命，且电铸件的尺寸精度、粗糙度与样模完全一致，适用于注射、吹塑、吸塑、搪塑、玻璃模、胶木模、压铸模等模具型腔以及电火花工具电极的制造。

7. 浇铸成型制模技术

浇铸成型制模技术的特点是以样件为基准，浇铸出凸模和凹模，型腔表面不需要进行机械加工。实际制模中主要有锌基合金制模技术、锡合金制模技术、硅橡胶制模技术、树脂复合成型模具技术等类型。

8. 模具毛坯的实型铸造

如果模具属于单件或小批量生产，模具毛坯的制造质量、成本及周期会影响最终模具的质量、成本及周期。目前，实型铸造技术已被广泛应用于现代模具毛坯制造。

实型铸造技术就是利用泡沫塑料代替传统的木模或金属模，做好造型后不需要取出模型，便可以浇铸。泡沫塑料模型在高温金属液体作用下，快速燃烧气化消失，金属液体取代原来泡沫塑料模型所占的位置，冷凝后形成铸件。

9. 可加工塑料在模具制造中的应用

可加工塑料在工业发达国家的汽车、飞机等制造业中应用较普遍，主要代替金属或木材制作汽车车身的主模型、检具、靠模和铸造模型等。可加工塑料、金属和木材，加工制作工艺简单，具有不变形、尺寸稳定性好、耐腐蚀、耐潮湿、易改型、易修复、重量轻、成本低、制作周期短的特点。

二、快速成型技术的特点

与传统的模具制造技术相比，快速成型技术具有如下特点。

1. 制造方法简单，工艺范围广

快速成型技术利用了材料逐层堆积的成型方法，加工工艺过程相对简单、快捷和方便，不仅能适应单件小批的模具生产，而且能适应各种复杂的模具制造；既能制造金属模具，也能制造塑料模具。模具结构越复杂，越能突出快速成型技术的优越性。

2. 模具材料可强韧化和复合化

快速成型技术可通过在合金中添加结晶核心或元素、改变金属凝固过程和热处理等手段，提高和改善模具材料的性能；或在合金中添加其他材料制造出复合材料模具。

3. 设计周期短，质量高

由于快速成型过程人的参与很少，故而可有效地减少人为失误。设计师可利用快速成型技术制造高精度的模型，同时可对产品的局部或整体进行装配与综合评价，并不断改进，这可以提高产品的设计质量。

4. 便于远程服务

快速成型技术对信息技术的应用，使用户和制造商之间的距离缩短，制造商可通过互联网提供远程设计和远程服务，充分地发挥资源优势，用户需求可以得到最快的响应。

三、快速成型技术的应用

1. SLA 制件直接用于注塑模具嵌件

如图 3-47 所示，可在快速成型机上直接制作注塑模的型芯和型腔镶块，而不需要过渡模。但使用快速成型技术制作大型镶块的费用较高。

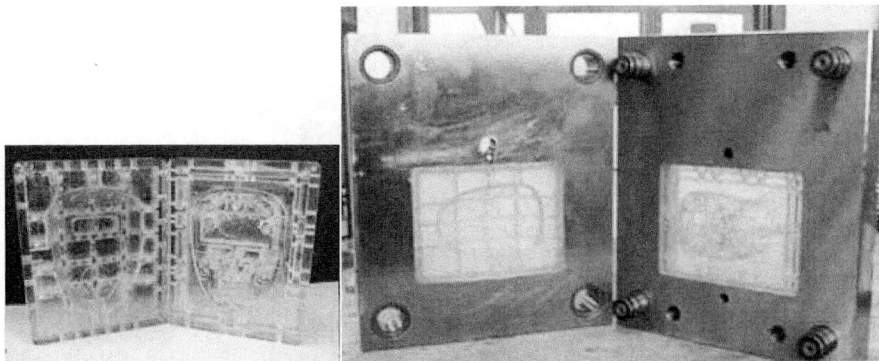

图 3-47　SLA 制件直接用于注塑模具嵌件

2. SLS 直接烧结砂型铸造模（如图 3-48 所示）

①设计铸造模，大型复杂铸造模往往由几十个零件组成；

②用快速成型机将铸造模零件烧结好后，放入烘箱中进一步固化，使铸造模的零件硬化；

③通过在砂型零件和熔融金属接触的表面涂覆保护层，来延长铸造模的寿命；

④进行铸造模的装配，浇注金属铸件。

图 3-48　SLS 直接烧结砂型铸件

3. 3D 打印直接制模

如图 3-49 所示，采用 3D 喷射树脂液滴黏结金属粉末材料，然后通过紫外光照射进行固化干燥。金属粉末材料的范围很广，包括不锈钢、低碳钢、陶瓷、碳化钨及这些材料的混合物。半成品模成型后需要进行渗铜和二次烧结，最后形成 60% 钢及其合金、40% 铜的金属制件。

图 3-49　3D 打印制模渗铜前后

4. 真空注型塑料件

如图 3-50 所示，将模具材料或成型零件材料按一定的比例混合后放入容器，然后将容器放入真空浇注成型机中搅拌、抽真空，浇注到模架或模具中，待固化成型后取

出模件或产品零件。其特点是复杂型面的零件容易脱模，无须考虑分型及斜抽芯。适
用于小批量注塑件的快速制造。

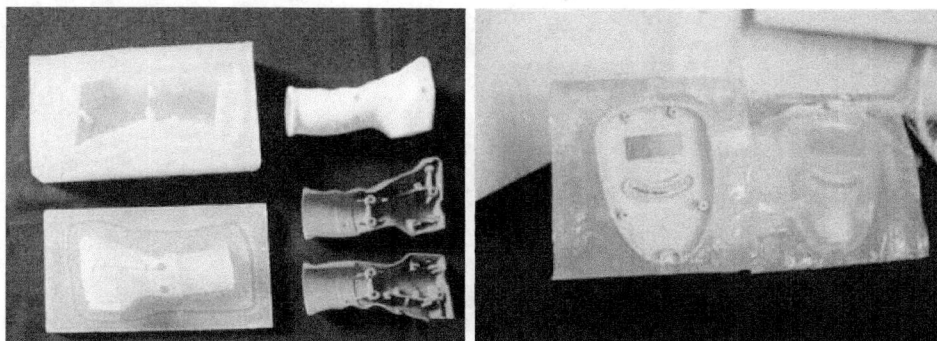

图 3-50 真空注型塑料件

5. 树脂型复合模

以快速成型件为母模，进行树脂型复合制模，以液态的环氧树脂与有机或无机材
料复合为基体材料，以母模为基准浇铸模具，制造的模具寿命为 100~1000 件。生产
中，通常会在环氧树脂中添加各种添加剂来延长模具的寿命。该模具具有工艺简单、
强度高、模具传导率高及型面不加工的特点，在薄板拉深模、塑料注塑模及吸塑模和
聚氨酯发泡成型模中应用广泛，通常制作周期为 1~2 周，如图 3-51 所示。图 3-52 所
示为金属树脂复合注塑模具。

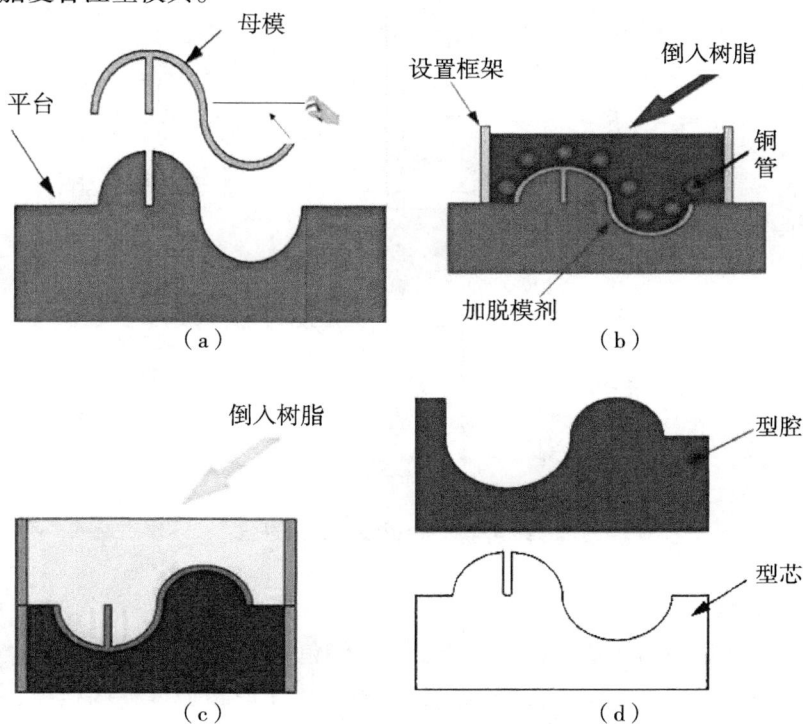

（a） （b） （c） （d）

图 3-51 树脂模具的制作过程

图 3-52　金属树脂复合注塑模具

6. 金属喷涂制模法

金属喷涂制模法是以快速成型原型作样件，把低熔点的熔化金属充分雾化后以一定的速度喷射到样件的表面，形成模具型腔表面，再充填背衬复合材料的制模技术。这种模具用于生产 3000 件以下的注塑件。特点是工艺简单，型腔表面及其精细花纹一次同时形成，周期短，无须机器加工，模具尺寸精度高，如图 3-53 所示。

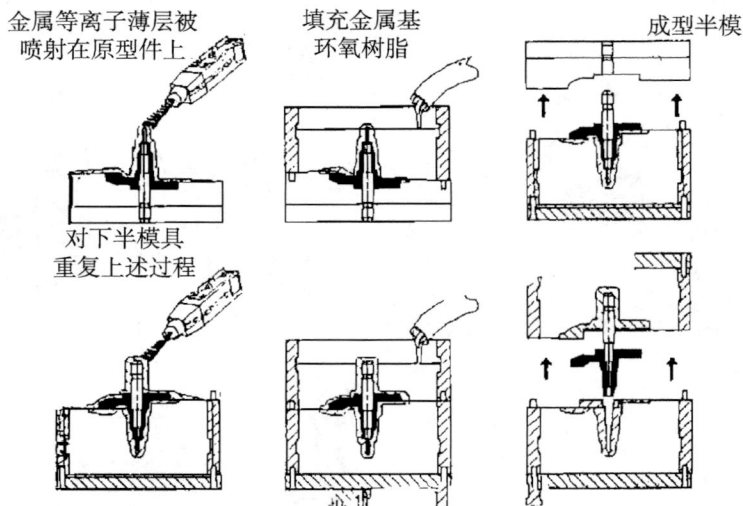

图 3-53　金属喷涂制模过程

7. 熔模铸造

熔模铸造又称精密铸造或者失蜡铸造，主要包括压蜡、修蜡、组模、沾浆、熔蜡、浇铸金属液及后处理工序等。失蜡铸造是用蜡制作所要铸成零件的蜡模，蜡模上涂以泥浆，制成泥模；然后把泥模晾干后，再焙烧成陶模。经过焙烧，蜡模全部熔化流失后只剩陶模。一般在制作泥模时就留有浇注口，要从浇注口灌入金属溶液，金属溶液冷却后，制成所需的零件。

四、3D 打印成型技术

1. 3D 打印工作原理

3D 打印以计算机三维设计模型为基础，用相应的计算机软件将模型离散分解成若干层平面切片，然后由数控成型系统利用激光束、热熔喷嘴等方式将粉末状、液状或丝状金属、陶瓷、塑料、细胞组织等材料进行逐层堆积黏结，最终叠加成型，制造出实体产品。图 3-54 所示为 3D 打印的吉祥鹿。

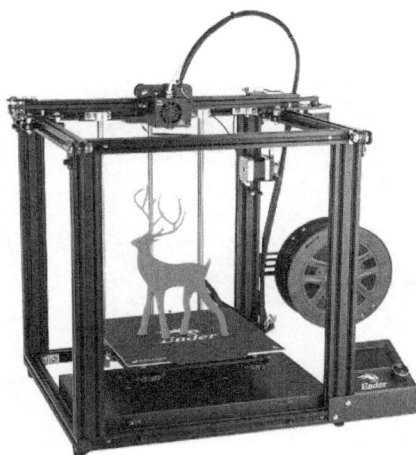

图 3-54　3D 打印的吉祥鹿

2. 3D 打印的步骤

（1）3D 建模

3D 建模就是通过三维软件设计出三维数据模型。有的模型可从 3D 模型的网站直接下载，或者通过 3D 扫描仪逆向工程建模，或者用 3D 建模软件设计模型，比如通过 UG、中望、Inventor、Pro/E、3DMax 等软件来进行三维建模。

（2）切片处理

切片处理就是把 3D 模型切成一片一片，设计好打印的路径、填充密度、角度等，然后将切片后的文件存储成 3D 打印机能直接读取、使用的文件格式。

（3）打印过程

启动 3D 打印机，通过 SD 卡、数据线等方式把 STL 格式的模型切片文件传送给 3D

打印机，装入 3D 打印材料，设定打印参数，然后打印机开始工作，通过分层打印、层层黏合、逐层堆砌，最终打印出一个完整的三维物品。

（4）后期处理

完成 3D 打印工作后，取出三维物品，然后做后期处理，如去掉多余的支撑材料和抛光等。

课后练习

问答题

1. 与传统的模具制造技术相比，快速成型技术有什么特点？

2. 图 3-55 所示为光敏树脂液相固化成型样件，简述其加工原理及技术特点。

图 3-55　光敏树脂液相固化成型样件

3. 图 3-56 所示为金属喷涂注塑模具及制件，简述其制造原理及技术特点。

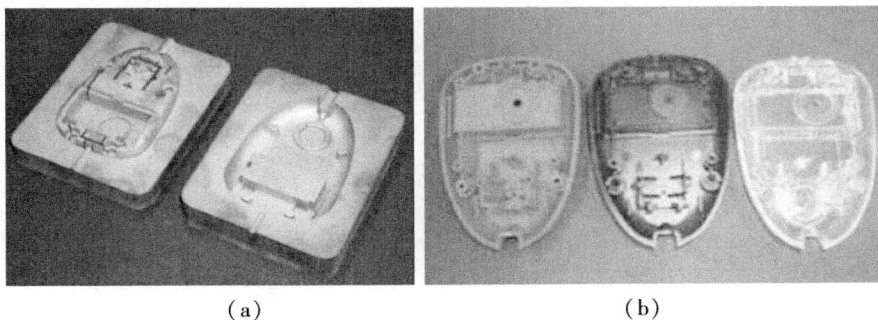

（a）　　　　　　　　　　　　　（b）

图 3-56　金属喷涂注塑模具及制件

4. 图 3-57 所示为熔丝堆积成型样件，简述其加工原理及技术特点。

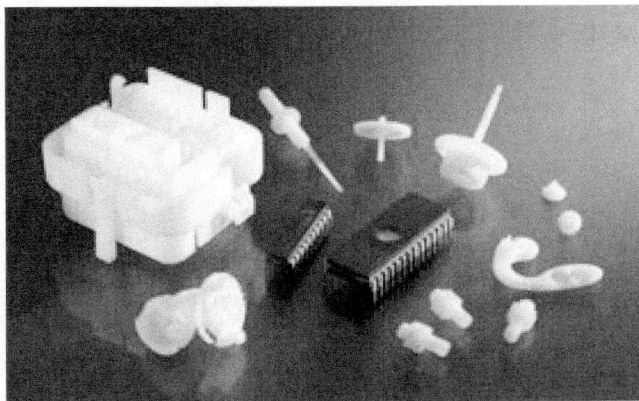

图 3-57　熔丝堆积成型样件

5. 图 3-58 所示为貔貅铸铜摆件，简述其成型技术及加工原理。

图 3-58　貔貅铸铜摆件

单元 5　其他先进的模具加工制造技术

现代制造业中，精密模具的制造离不开高超的设计、先进的设备和创新技术。现代精密模具工厂的制造加工技术，每一项都在不断提升模具制造的精度和制造效率。

随着科技的进步，模具加工设备性能不断提高，模具零件已实现高速和高精度加工，生产过程自动化和智能化，CAE（计算机辅助工程）/CAD/CAM 分析、设计与制造一体化等，现代模具制造技术正朝着高效、精确、智能、环保方向发展。这些技术和设备的不断创新，为模具制造业发展带来更多的可能性。

【知识目标】

①了解多种先进模具加工制造技术的特点和应用；
②认识先进技术在提高模具质量、精度等方面的作用。

【素养目标】

①培养创新意识，积极探索和应用新的技术方法；
②增强质量意识和效率意识，认识先进技术的重要性。

一、高速铣削加工

铣削加工技术的进步推动了模具制造行业的快速发展。从最初的普通铣床三轴加工，到现在的五轴加工，铣削加工技术的发展和应用使得复杂的三维型面零件的加工成为可能。例如，塑胶模具中的主要型面和型腔的加工大多数依赖于铣削加工技术。

高速铣削加工采用小径铣刀，配合小周期进给量与高转速，大大提高了生产效率，加工精度可在 $5\mu m$ 以内。由于铣削力较低，工件热变形减少，表面粗糙度小于 $0.15\mu m$。高速铣削加工还可以加工硬度高达 60HRC 的淬硬模具钢，模具在热处理后也可以直接进行切削加工，优化了模具零件的制造工艺。

五轴加工技术在铣削加工中的应用，使加工复杂曲面和多角度零件变得更加高效和精确。通过五个轴的联动，刀具可以从更多角度接触工件，减少了多次装夹和位置调整的步骤，大幅提升了加工效率和表面质量。这种技术特别适用于复杂模具零件的制造，能够一次性完成复杂几何形状的加工，既显著优化了生产流程，又减少了后续处理的工作量，如图 3-59 所示。

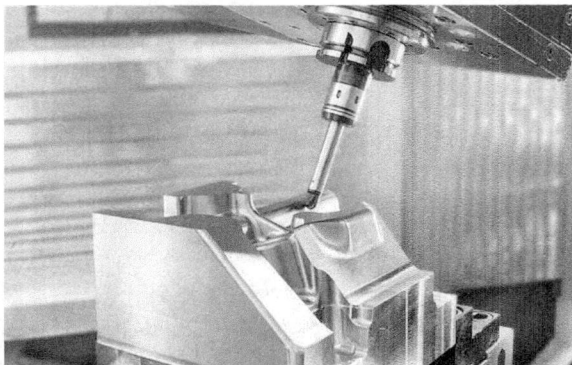

图 3-59　五轴铣削加工

二、磨床加工

在模具制造中，磨床是进行零件表面精加工的关键设备，对于淬硬工件的加工尤其适合。磨床主要有平面磨床、万能内外圆磨床、光学曲线磨床（坐标磨床）等。

平面磨床广泛用于加工小尺寸的模具零件，如滑块、模仁、精密镶件等。现代平面磨床技术的发展，使砂轮线速度和工作台运动速度大幅提升，精度也进一步提高，最小垂直进给量可达 $0.1\mu m$，表面粗糙度低于 $0.05\mu m$，加工精度可控制在 $1\mu m$ 以内。

对于回转体零件，尤其是对精度、光洁度要求高的零件，使用外圆磨床进行加工更为合适。

光学曲线磨床适用于高精度孔距和各种轮廓形状的加工。通过光学投影技术，可精确加工钨钢件、硬质合金件等高硬度材料。光学曲线磨床以其高精度和复杂形状加工的能力在模具制造中占据重要地位，如图 3-60 所示。

图 3-60　光学曲线磨床加工

三、车削加工

数控车床是用来车削零件的专用设备，主要用来车削加工各种回转体零件。随着数控技术的发展，复杂的回转体形状通过编程变得更易加工出来，数控车床可以自动更换刀具，大幅提高生产效率。

数控车床的制造技术和加工精度日益提高，使某些加工场景中，车床甚至可以代替磨床，成为模具制造的重要工具。数控车床广泛用于加工模具中的回转体零件，在瓶口模具、笔模中应用尤为广泛，如图3-61所示。

此外，先进的数控车床已经拓展为车铣复合一体机床，能在一台设备上完成多工序、复杂零件的全部加工，可以显著提

图3-61　数控车床加工

升生产效率和精度。全球领先的数控车削机床在模具制造中广泛应用，满足了零件高效精密的加工需求。

四、测量技术

测量在模具制造的各个阶段都扮演着重要角色，从模具设计初期的数字化测绘，到加工过程中的精密测量，再到成品验收和后期修复，精密测量设备确保了模具的质量和精度。

三坐标测量机是检验工件精度的主要工具，其通过采集空间点坐标和计算，能够精确测量工件的形位公差。三坐标测量机上的探针与工件表面轻微接触，可以获得测量点的坐标，从而将测量结果实时反馈给设计或生产部门。三坐标测量机有时也用于逆向工程设计，如图3-62所示。

影像测量仪（如图3-63所示）则是利用影像测头采集工件的影像，然后通过数字图像处理技术来提取工件表面的坐标点，再利用坐标变换与数据处理技术计算出被测件的实际尺寸、形状和位置关系。该仪器适用于复杂工件的精密测量。

五、快速装夹定位系统与自动化

模具制造通常涉及多道工艺，零件在不同设备上的装夹与校正耗时较多，导致机

图 3-62　三坐标测量机

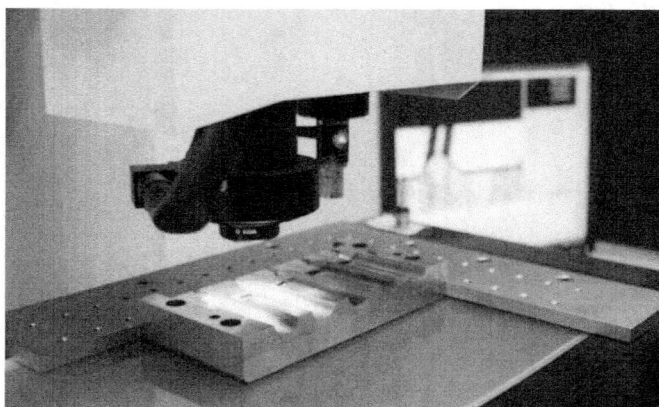

图 3-63　影像测量仪

床闲置，降低了生产效率。在这方面，快速装夹定位系统（如图 3-64 所示）发挥了显著的作用，其通过精确的基准实现了铣削、车削、测量和电火花加工的统一基准互换，使电极的装夹与找正时间大大缩短，重复定位精度控制在 $3\mu m$ 以内，大幅度提高了设备的利用率。

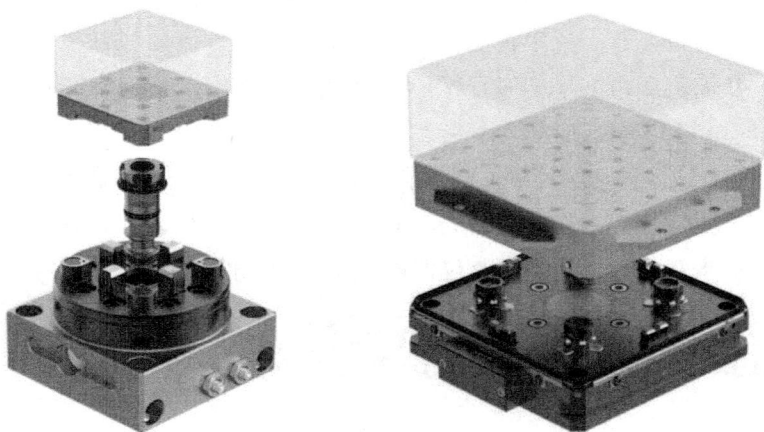

图 3-64　快速装夹定位系统

快速装夹定位系统奠定了自动化生产的基础。有的现代化模具车间已通过配备柔性化生产管理软件与机器人，形成了自动化的加工中心，显著缩短了生产周期，提升了生产效率。目前，自动化模具制造成套方案已成为模具制造行业的发展趋势。领先的快速装夹定位系统在全球精密模具制造领域中的广泛应用，推动了模具加工的自动化进程。

课后练习

一、填空题

1. 现代模具制造技术正朝着_____、_____、_____、_____方向发展。

2. 高速铣削加工采用小径铣刀，配合小周期进给量和高转速，零件的加工精度可稳定在_____以内。

3. 平面磨床最小垂直进给量可达_____，表面粗糙度低于_____，加工精度可控制在_____以内。

4. 光学曲线磨床适用于高精度_____和各种轮廓形状的加工。

5. 三坐标测量机通过采集空间点坐标和计算，能够精确测量工件的_____。

二、问答题

1. 高速铣削加工的特点有哪些？

2. 磨床在模具制造中有哪些分类及应用？

模块四 模具装配技术

　　模具的装配，就是把模具的组成零件按照图纸的要求连接或固定起来成为各种组件、部件，然后将所有的零件、组件和部件连接或固定起来成为模具的过程。

　　在装配过程中，既要保证零件的配合精度，又要保证零件之间的位置精度。对于具有相对运动的零（部）件，还必须保证它们之间的运动精度。所以，模具装配精度的高低及质量的好坏，都直接影响制品生产是否能正常进行，关系到制品的尺寸大小、形状精度及成本高低。因此，模具的装配是模具制造过程中的重要环节。

单元1 冲压模具装配技术

【知识目标】

①了解冲压模具装配基本知识及常用装配技术方法；
②熟悉冲压模具的装配工艺过程和装配顺序；
③掌握模具零件常用的固定方法和装配技术要求。

【素养目标】

①培养学生安全文明生产和遵守操作规范、规程的意识；
②培养学生自主钻研、善于总结、勇于创新的精神；
③培养学生观察能力、分析能力、学习能力和协调能力。

一、模具装配方法

冲压模具的装配就是按照模具设计的装配图，把所有的零件连接起来，使之成为一体，并达到所规定的技术要求的一种加工工艺。

模具的装配方法是根据模具的产量和装配的精度要求等来确定的。一般情况下，模具装配精度越高，则对模具零件的精度要求越高。但是，根据模具生产的实际情况，采用合理的装配方法，也能够用较低精度的零件装配出较高精度的模具。所以，选择合理的装配方法是模具装配的首要任务。目前，模具装配常用的方法有以下几种。

1. 互换装配法

根据装配零件能够达到的互换程度，互换装配法可分为完全互换法和不完全互换法。模具装配一般采用完全互换法。完全互换法是指装配时，各配合零件不经选择、修理和调整，即可达到装配精度的要求。采用完全互换法进行装配时，如果装配的精度要求高且装配尺寸链的组成环较多，易造成各组成环的公差很小，使零件加工困难。但该法具有装配工作简单、质量稳定、易于流水作业、效率高、对装配工人技术水平要求低、模具维修方便的特点。

2. 修配装配法

修配装配法是指将指定零件的预留修配量修去，以达到装配精度要求的方法。该装配法是模具装配中广泛应用的一种方法，适用于单件或小批量生产的模具装配。常用的修配方法有指定零件修配法和合并加工修配法两种。

3. 调整装配法

调整装配法是指通过改变模具中可调整零件的相对位置或选用合适的调整零件，以达到装配精度的方法。该装配法分为可动调整法和固定调整法。可动调整法是在装配时通过改变调整件的位置来达到装配精度的方法。此法不用拆卸零件，操作方便，应用广泛。固定调整法是在装配过程中通过选用合适的调整件，达到装配精度的方法。

二、冲压模装配工艺

1. 装配前的准备工作

①熟悉装配工艺规程，掌握模具验收标准。

②分析并熟悉模具装配图。装配图是冲压模进行装配的重要依据。对模具装配图进行分析研究，可以深入了解该模具的结构特点和工作性能，以及模具中各个零件的作用和相互之间的位置关系、配合要求及连接方式，从而确定合理的装配基准、装配顺序和装配方法，并结合工艺规程制定装配工艺方案。

③确定装配顺序。冲压模的装配通常是看上、下模的主要零件中，哪一个位置所受的限制大，就将其作为装配的基准件先装，并以其为基准来调整另一个零件或部件的位置。

④选择装配方法。冲压模具的装配方法比较多，具体选择哪种方法，可根据冲压模具的结构特点和零件的加工工艺与精度要求来确定。

⑤布置工作场地，清理和检查零件。

2. 装配过程中的工作

（1）对模具的主要工作部件进行装配

冲压模主要零件或部件的装配是指凸模、凹模的装配，凸模、凹模与固定板的装配，以及上、下模座的装配等。

（2）模具的总装配

选择好装配的基准件，安排好上、下模的装配顺序后，就可以进行模具的总装配。装配时，应调整好各配合部位的位置和配合状态，严格按照所规定的各项技术要求进行装配，以保证装配质量。

（3）凸模、凹模间隙调整

在模具装配时，保证凸模、凹模之间的配合间隙均匀十分重要。凸模、凹模的配合间隙是否均匀，不仅影响冲模使用寿命的长短，而且对于冲件质量的好坏也有影响。调整冲裁间隙常采用透光调整法、测量法、垫片法、涂层法、镀铜法等。

3. 模具的检验和调试

对模具的外观质量、各部件的固定连接和活动连接情况，以及凸模、凹模配合间隙进行检查，检查模具各部分的功能是否满足使用要求。同时通过试冲对所装模具进行调试。在试冲时，若发现问题应及时调整修正，直到冲出合格的制品为止。

三、模具零件的固定方法

模具零件按照设计结构，可采用不同的固定方法来固定。常用的固定方法有机械固定法、物理固定法和化学固定法，下面主要介绍机械固定法

机械固定法是指借助机械力使模具零件固定的一种方法。根据紧固方式又分为紧固件法和压入法。

（1）紧固件法

紧固件法是利用紧固零件将模具零件固定的方法，其特点是工艺简单、紧固方便。常用的紧固方式可分为螺栓紧固式、斜压块紧固式和钢丝紧固式。

①螺栓紧固式（如图4-1所示），是将凸模放入固定板孔内，调整好位置和垂直度，用螺栓将凸模紧固。

②斜压块紧固式（如图4-2所示），是将凹模（固定零件）放入固定板带有10°锥度的孔内，调整好位置，用螺栓压紧斜压块使凹模固紧。固定过程中，凹模和固定板配合的10°锥度要配合准确。

③钢丝固定式（如图4-3所示），是在固定板上先加工出钢丝长槽，其宽度等于钢丝的直径，一般为2mm。装配时将钢丝和凸模一并从上向下装入固定板中。

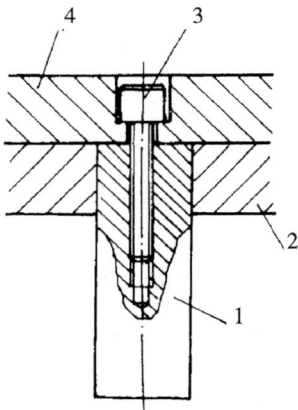

1—凸模；2—凸模固定板；
3—螺栓；4—垫板；

图4-1　螺栓紧固式

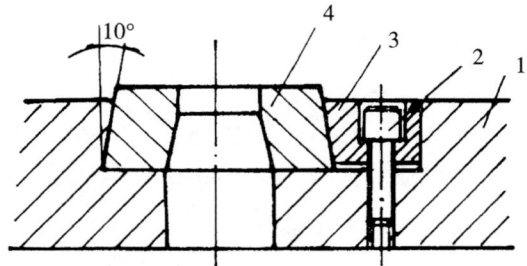

1—模座；2—螺栓；
3—斜压块；4—凹模

图4-2　斜压块紧固式

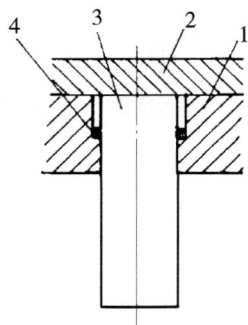

1—固定板；2—垫板；3—凸模；4—钢丝

图4-3 钢丝固定式

（2）压入法

压入法是利用配合零件的过盈量将零件压入配合孔中使其固定的方法。凸模压入固定板对有台肩的圆形凸模的压入部分应设有引导部分，引导部分可采用小圆角、小锥度或在约3mm长度以内将直径磨小0.03~0.05mm；对无台肩的凸模压入端（非刃口端）四周应修成斜度或圆角以便压入，如图4-4所示。

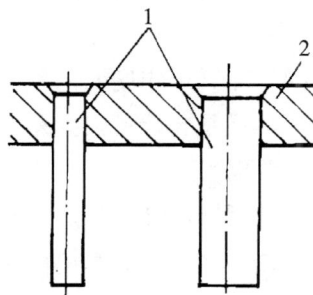

1—凸模；2—固定板

图4-4 凸模压入固定板

四、冲压模具装配要点

1. 复合模装配要点

复合模的装配不同于普通冲裁模，其上、下模的配合稍有不准，就会导致整副模具损坏，所以加工和装配不得有丝毫差错。复合模除工作零件和相关零件必须保证精度外，装配时应保证冲裁间隙都均匀一致，合力中心应与模柄中心重合。对于导柱复合模，一般先装上模。

2. 级进模装配要点

各型孔的相对位置及步距一定要加工、装配准确，否则冲出的制件很难满足规定的质量要求。装配后各相对应孔的中心线应达到同轴度要求，确保间隙均匀。

3. 弯曲模装配要点

压弯时材料的弹性会使弯曲件回弹，因此制造弯曲模必须要考虑到材料的回弹值。影响回弹的因素很多，因此在制造压模具时，应进行反复试模与修整，直到压弯出合格的制件为止。对于回弹较大的材料制成的弯曲件，为便于对凸模、凹模的形状和尺寸进行修整，需要在试模合适后进行淬火。

4. 拉深模装配要点

拉深模的主要零件如凸模、凹模的加工，以及试冲后的抛光、修整工作是很重要的。同时，在装配时必须特别注意凸模与凹模的正确安装。拉深模的凸模、凹模淬火有时可以在试模后进行。

五、冲压模具装配实例

（1）分析图4-5所示的止动件复合冲裁模

通过对图4-5的分析研究，深入了解该模具的结构特点和工作原理，了解模具中各个零件的作用和相互之间的位置关系、配合要求及连接方式，从而确定合理的装配基准、装配顺序和装配方法。

（2）布置工作场地，清理检查零件

（3）模具装配工艺步骤

①组装模架。

将导套与导柱压入上、下模座，导柱、导套之间要滑动平稳，无阻滞，以达到上、下模座之间的平行度要求。

②组装模柄。

采用压入式装配，将模柄13压入上模座11中，再钻、铰骑缝销钉孔压入防转销15，然后磨平模柄大端面。要求模柄与上模座孔的配合为H7/m6，模柄的轴线必须与上模座的上平面垂直。

③组件装配。

将冲孔凸模18压入凸模固定板9，保证凸模与固定板相互垂直，并磨平凸模底面。然后放上中间板8，放入推件块19，装上落料凹模7，磨平凸模和凹模刃口面。

④装配下模。

将凸凹模20装入凸凹模固定板22，配钻固定板上的卸料弹簧安装孔，安装弹簧，将卸料板5套在凸凹模上。将装入固定板内的凸凹模放在下模座上，合上上模，根据上模找正凸凹模在下模座上的位置。夹紧下模部分后移去上模，安装内六角螺钉2和卸料螺钉23。用螺钉连接凸凹模固定板、垫板（可省去）和下模座，打入销钉定位，拧紧螺钉和卸料螺钉。

⑤装配上模。

把凸模、凹模和推件装置装入上模座。翻转上模座，找出模柄孔中心，画出中心线和安装用的轮廓周边线。然后按照外轮廓线，放正凸模固定板9及落料凹模7，初步找正冲孔凸模和落料凹模之间的位置。夹紧上模部分，可按照凹模螺孔配钻凸模固定板和上模座的螺钉过孔，或者按模具设计的图纸直接加工出来。之后装入垫板10和推

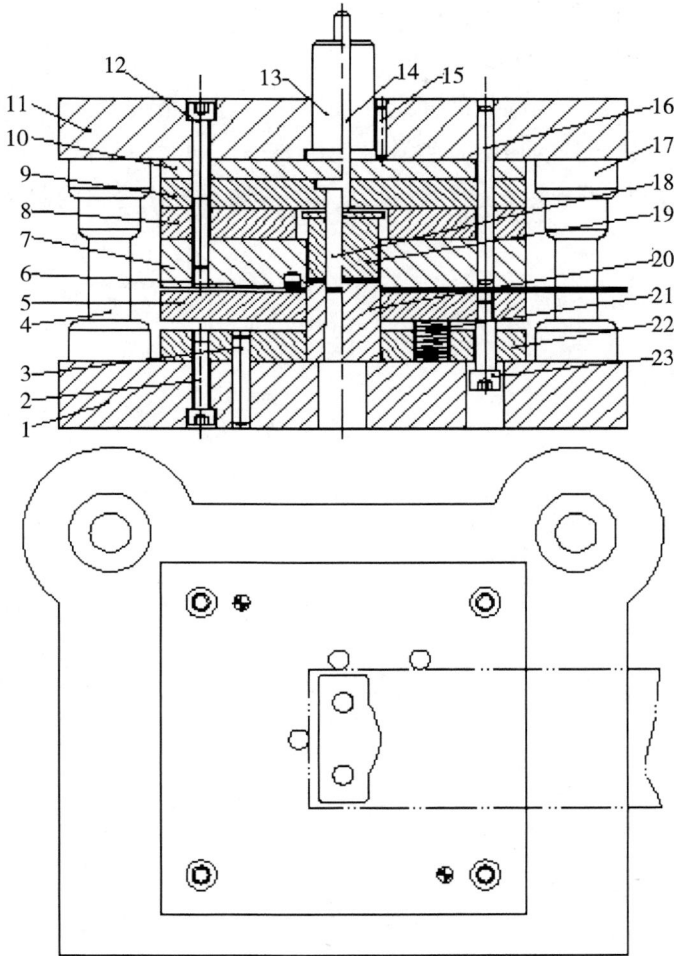

1—下模座；2—内六角螺钉；3—圆柱销；4—导柱；5—卸料板；6—挡料销；7—落料凹模；8—中间板；
9—凸模固定板；10—垫板；11—上模座；12—内六角螺钉；13—模柄；14—打杆；15—防转销；
16—圆柱销；17—导套；18—冲孔凸模；19—推件块；20—凸凹模；21—弹簧；
22—凸凹模固定板；23—卸料螺钉

图 4-5 止动件复合冲裁模

件装置打杆 14，用螺钉将上模部分连接起来，并检查推件装置的灵活性。

⑥调整凸模、凹模间隙。

采用切纸法调整冲裁间隙。合拢上、下模，以凸凹模为基准，用切纸法精确找正冲孔凸模的位置。如果凸模与凸凹模的孔对得不正，可轻轻敲打凸模固定板，利用螺钉过孔的间隙进行调整，直至间隙均匀。然后重新钻、铰销钉孔，打入圆柱销 3 定位。用同样的方法精确找正落料凹模的位置，保证间隙均匀后，重新钻、铰销钉孔，打入圆柱销 16 定位。再次检查凸模、凹模间隙，如果因钻、铰销钉孔而引起间隙不均，则应取出定位销，再次调整，直至间隙均匀为止。

⑦安装其他辅助零件，如卸料板、导料销和挡料销等。

（4）止动件模具的检验和调试

对模具的外观质量、各部件的固定连接和活动连接情况及凸模、凹模配合间隙进行检查，检查模具各部分的功能是否满足使用要求。同时通过试冲对所装模具进行调试。在试冲时，若发现问题应及时调整修正模具，直到冲出合格的制品为止。

📝 课后练习

一、填空题

1. 凸模、凹模的配合间隙是否均匀，不仅影响冲模的_____，而且对于保证冲件_____也十分重要。

2. 调整冲裁间隙常采用_____、_____、_____、涂层法、镀铜法等。

3. 常用的紧固方式可分为_____、斜压块紧固式和钢丝紧固式。

4. 按凸模、凹模的布置方法分类，复合冲裁模可分为_____和_____。

5. 压弯时由于材料的_____，因此制造弯曲模必须要考虑到材料的_____。

二、问答题

1. 简述冲压模装配工艺步骤。

2. 分析图 4-6 所示垫圈模具的结构，写出图中各序号零件的名称，并简述其结构与图 4-5 所示止动件复合冲裁模的区别。简述图 4-6 所示垫圈模具零件的装配顺序。

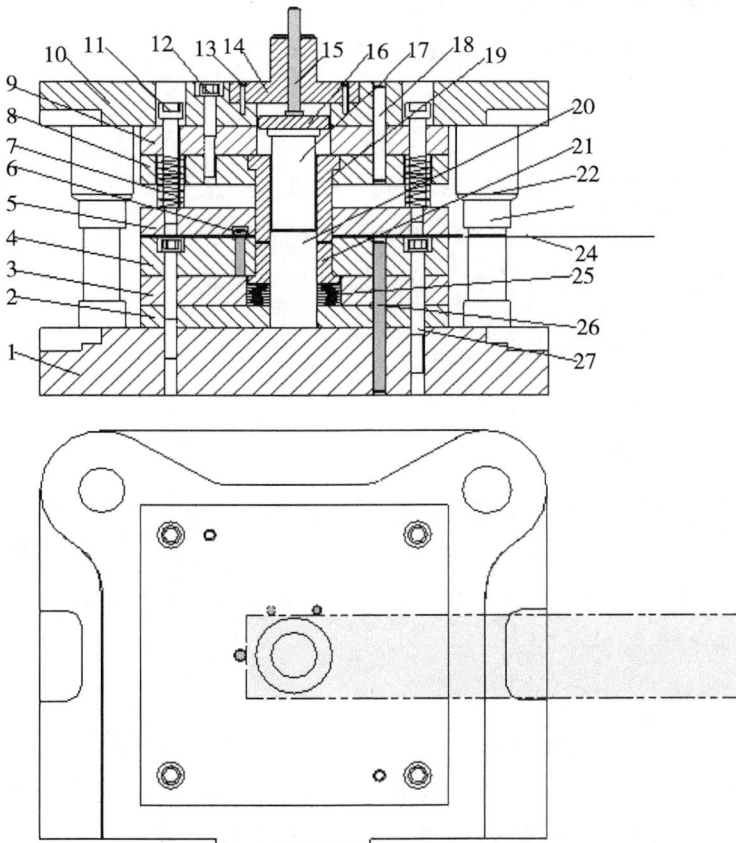

图 4-6　垫圈模具

单元 2　注塑模具装配技术

　　模具装配是由一系列的装配工序按照一定的工艺顺序进行的。模具零件在装配之前必须进行认真的清洁，以去除零件内、外表面黏附的油污和各种机械杂质等。注塑模具的定模、动模与各模板之间、成型零件与模板之间、其他零件与模板或零件与零件之间需要进行相应的固定与连接、调整和研配，以保证模具整体能准确地协同工作。

　　组装后的模具要通过试模验证，对模具的整体或部分进行拆装、修磨和调整，经试模合格后，对成型零件的成型表面进行精抛光，然后模具才能投入生产使用。

【知识目标】

　　①了解注塑模具的基本装配结构和内容要求；
　　②熟悉注塑模具的装配工艺过程和装配顺序；
　　③掌握模具零件常用的固定方法和装配技术要求。

【素养目标】

　　①培养学生安全文明生产和遵守操作规范、规程的意识；
　　②培养学生自主钻研、善于总结、勇于创新的精神；
　　③培养学生观察能力、分析能力、学习能力和协调能力。

一、模具装配

1. 清洗

　　模具零件装配之前必须认真清洁，以去除零件内、外表面黏附的油污和各种机械杂质等。常见的清洁方法有擦洗、浸洗和超声波清洗等。清洁工作对保证模具的装配精度和成型制品的质量，以及延长模具的使用寿命都具有重要意义，尤其对保证精密模具的装配质量极为重要。

2. 固定与连接

　　模具装配过程中有大量的固定与连接工作。模具零件常用销钉、定位块和特定的几何形零件等进行定位，而零件之间则多采用螺纹连接方式。螺纹连接的质量与装配工艺关系很大，应根据被连接件的形状和螺钉位置的分布与受力情况，合理确定各螺钉的紧固力和紧固顺序。

模具零件的连接可分为可拆卸连接与不可拆卸连接两种。可拆卸连接在拆卸相互连接的零件时，不损坏任何零件，拆卸后还可重新装配连接，通常用螺纹连接方式。不可拆卸连接中被连接的零件在使用过程中是不可拆卸的，常用的不可拆卸连接方式有焊接、铆接和过盈配合等。过盈配合常用压入配合、热胀配合和冷缩配合等方法。

3. 调整与研配

装配过程中的调整是指对零部件之间相互位置的调节操作。可以通过检测与找正来保证零部件安装的相对位置精度，还可通过调节滑动零件的间隙大小来保证运动精度。

研配是指对相关零件进行的修研、刮配、配钻、配铰和配磨等作业。修研、刮配主要是针对成型零件或其他固定与滑动零件进行修刮，使之达到装配精度要求。配钻、配铰多用于相关零件的固定连接。

二、零件装配工艺技术要求

1. 成型零件装配技术要求

①成型零件的形状与尺寸精度及表面粗糙度应符合设计图样要求，表面不得有碰伤、划痕、裂纹、锈蚀。

②装配时，成型表面粗抛光应达到 0.2μm，试模合格后再进行精细抛光，抛光方向应与脱模方向一致，成型表面的文字、图案及花纹等应在试模合格后加工。

③型腔镶块或型芯、拼块应定位准确，固定牢靠，拼合面配合严密，不得有松动现象。

④需要互相接触的型腔或型芯零件，应有适当的间隙与合理的承压面积，以防合模时互相挤压导致变形或碎裂。

⑤合模时需要互相对插配合的成型零件，其对插接触面应有足够的斜面，以防碰伤或啃坏。

⑥型腔边缘分型面处应保持锐角，不得修圆或有毛刺；型腔周边沿口 20mm 范围内分型面的密合应达到 90% 的接触程度；型芯分型面处应保持平整，无损伤、无变形。

⑦活动成型零件或嵌件，应定位可靠，配合间隙适当，活动灵活，不产生溢料。

2. 浇注系统装配技术要求

①浇注系统应畅通无阻，表面光滑，尺寸与表面粗糙度符合设计要求。

②主流道及点浇口的锥孔部分，抛光方向应与浇注系统凝料脱模方向一致，表面不得有凹痕和抛光痕迹。

③圆形截面流道，两半圆对合不应错位，多级分流道拐弯处应圆滑过渡，流道拉料杆伸入流道部分尺寸应准确一致。

3. 推出、复位机构装配技术要求

①推出机构应运动灵活，工作平稳、可靠；推出元件配合间隙适当，既不允许有溢料发生，也不得有卡阻现象。

②推出元件应有足够的强度与刚度，工作时受力均匀。

③推出板尺寸与重量较大时，应安装推板导柱，保证推出机构工作稳定。

④装配后推杆端面不应低于型腔或型芯表面，允许有 0.05~0.1mm 的高出量。

⑤复位杆装配后，其端面不得高于分型面，允许低于分型面 0.02~0.05mm。

4. 侧向分型抽芯机构技术要求

①侧向分型抽芯机构应运动灵活、平稳，各元件工作时相互协调，滑块导向与侧型芯配合部位应确保间隙合理，不应相互干涉。

②侧滑块导滑精度要高，定位准确可靠，滑块锁紧楔应固定牢靠，工作时不得产生变形与松动。

③斜导柱不应承受对滑块的侧向锁紧力，滑块被锁紧时，斜导柱与滑块斜孔之间应留有不小于 0.5mm 的间隙。

④模具闭合时，锁紧楔斜面必须与滑块斜面均匀接触，当一个锁紧楔同时锁紧两个以上滑块时，锁紧楔斜面与滑块斜面间不得有倾斜或锁紧力不一致的现象，二者之间应接触均匀，并应保证其接触面积不小于 80%。

三、塑料模具总装技术要求

模具装配时，针对不同结构类型的模具，除应保证装配精度外，还需满足以下几方面的具体技术要求。

①观面不得有严重划痕或磕伤，不能有锈迹或未加工的毛坯面。

②按模具的工作状态，在模具适当的平衡位置应装有吊环或有起吊孔，多分型面模具应有锁模板，以防运输过程中模具打开造成损坏。

③模具的外形尺寸、闭合高度、安装固定及定位尺寸、推出方式、开模行程等均应符合设计图样要求，并与所使用设备条件相匹配。

④模具应标有记号，各模板应打印顺序编号及加工与装配基准角的标记。

⑤模具装配后各分型面应贴合严密，主要分型面的间隙应小于 0.05mm。

⑥模具动模和定模的连接螺钉要紧固可靠，其端面不得高出模板平面。

⑦模具导向、定位机构应保证定位准确、可靠，开合运动平稳，导向准确。

⑧加热与冷却系统应安全可靠、灵敏准确，控制精度高。

四、注塑模具装配的工艺过程

注塑模具的装配按照作业顺序通常可分为五个阶段，即装配关系研究、零件清理与准备、组件装配、总装配、试模与调整。

1. 装配关系研究

由于塑料制品形状复杂，结构各异，成型工艺要求也不尽相同，模具结构与动作要求及装配精度差别较大，在模具装配前应充分了解模具总体结构类型与特点，仔细分析各组成零件的装配关系、配合精度与结构功能，认真研究模具工作时的动作关系及装配技术要求，从而确定合理的装配方法、装配顺序与装配基准。

2. 零件清理与准备

根据模具装配图上的零件明细表，清点与整理所有零件，清洗加工零件表面污物，去除毛刺。准备标准件。对照装配图检查各主要零件的尺寸和形状精度、配合间隙、表面粗糙度、修整余量，以及有无变形、划伤或裂纹等缺陷。

3. 组件装配

按照装配关系要求，将与某项特定功能相关的零件组装成部件，为总装配做好准备，如定模或动模的装配、型腔镶块或型芯与模板的装配、推出机构的装配、侧滑块组件的装配等。组装后部件的定位精度、配合间隙、运动关系等均需符合装配技术要求。

4. 总装配

总装配时先要选择好装配的基准，安排好定模、动模的装配顺序。每个零件与已组装的部件或机构等按结构或动作要求，以一定顺序组合到一起成为一副模具。这一过程不是简单的零件与部件的有序组合，而是边装配、边检测、边调整的过程。装配后的模具必须保证装配精度，并满足各项装配技术要求。

模具装配后，应将模具对合后置于装配平台上，试拉模具各分型面，检查开距及限位机构动作是否准确可靠；推出机构的运动是否平稳、行程是否足够；侧向抽芯机构是否灵活。一切检查无误后，将模具合好，准备试模。

5. 试模与调整

组装后的模具并不一定就是合格的模具，真正合格的模具要通过试模验证，即能够生产出合格的制品。这一阶段仍需对模具进行整体或部分的装拆与修磨调整，甚至是补充加工。

五、注塑模具装配实例

（1）分析图 4-7 所示的塑料盒、塑料盖注塑模具通过对图4-7的分析研究，深入了解该模具的结构特点和工作原理，了解模具中各个零件的作用和相互之间的位置关系、配合要求及连接方式，从而确定合理的装配基准、装配顺序和装配方法。

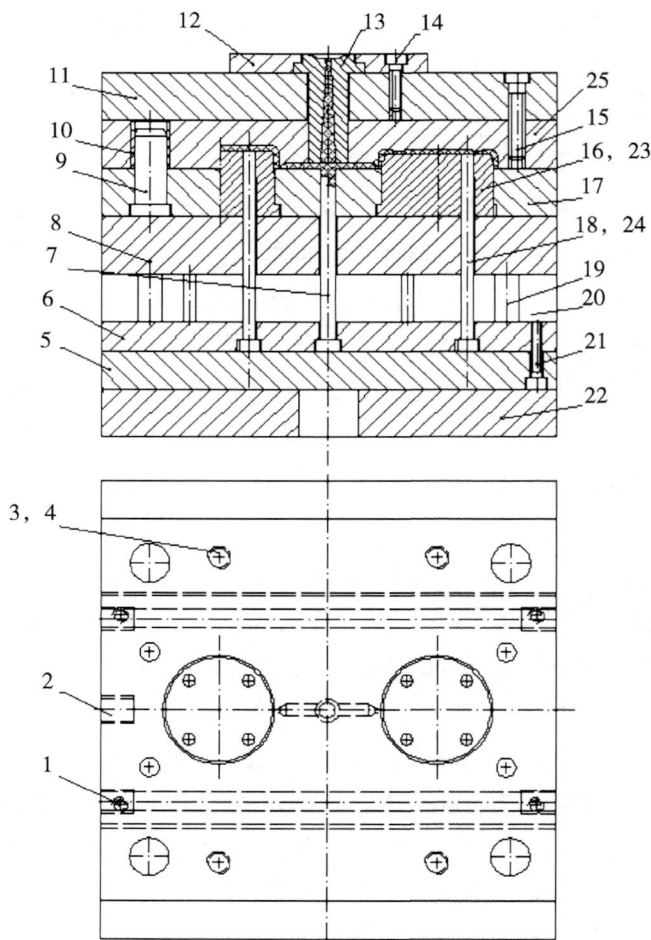

1—水嘴；2—吊钩孔；3—螺钉；4—螺钉；5—推板；6—推杆固定板；7—Z形拉料杆；
8—支撑板；9—导柱；10—导套；11—定模座板；12—定位圈；13—浇口套；14—螺钉；
15—螺钉；16—型芯；17—型芯固定板；18—推杆1；19—复位杆；20—垫块；
21—螺钉；22—动模座板；23—型芯；24—推杆2；25—型腔板

图4-7 塑料盒、塑料盖注塑模具

（2）布置工作场地，清理检查零件

（3）模具装配工艺步骤

①装配型芯。

将型芯16、23及导柱压装到型芯固定板17内，再装入支撑板8，按要求检查型芯、导柱等零件与固定板之间的相互位置精度，待其完全符合使用要求后，将固定板和支撑板用螺钉3紧固。

②装配推出机构。

将推杆18装入推杆固定板6中，再将推杆24装入推杆固定板6中，装入Z形拉料杆7和复位杆19，装上推板5，将装好的推出机构装入型芯并调整好相互位置，然后用螺钉21固定推板和推杆固定板（如图4-8所示）。

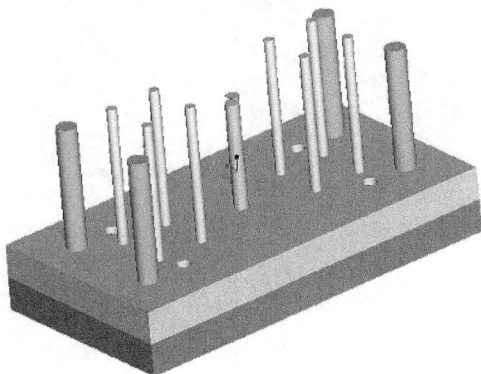

图4-8　塑料盒、塑料盖注塑模具推出机构

③装配动模。

将装好的推出机构和型芯装在动模座板22上，装上两个垫块，调整好位置，保证推出机构运动灵活，无阻滞，然后用螺钉4将动模座板、垫块和支撑板进行连接固定，完成动模部分的安装，如图4-9所示。

图4-9　塑料盒、塑料盖注塑模具动模

④装配型腔定模。

将导套装入型腔板，合并修磨并磨平型腔下表面；将型腔板与定模座板结合，用平行夹具夹牢，将两板用螺钉15紧固。

⑤浇口套的装配。

压入浇口套，将浇口套按装配要求与定模座板和型腔板进行合并修磨，以达到设计要求。定模部分安装完成，如图4-10所示。

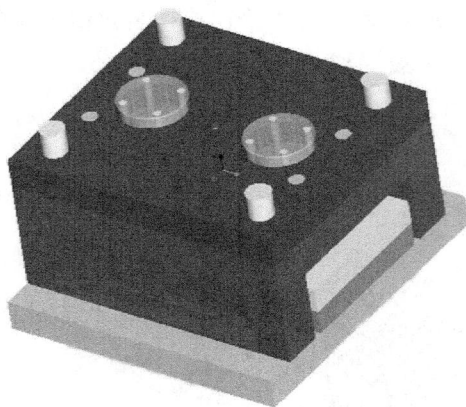

图4-10 塑料盒、塑料盖注塑模具定模

⑥调整分型面。

合模，观察分型面之间的密合状况，按模具设计时的要求，修磨型芯上表面，保证分型面、型芯、浇口套以及型腔面同时密合。

⑦分型与脱模运动。

根据开模运动的距离，修配Z形拉料杆7的表面，观察模具在分型与脱模运动过程中是否平稳、灵活，是否有阻滞现象发生，如有，查明原因并进行合理调整，甚至重装模具，直至模具的各项技术指标达到设计要求。

课后练习

一、填空题

1. 单分型面注塑模具也可以称为_____注塑模具，是注塑模中较简单的一种结构形式。这种模具有_____分型面。

2. 双分型面注塑模有_____分型面，一个是为了取出浇注系统凝料的分型面，一个是为了取出塑件的分型面。也可以称为_____注塑模具。

3. 注塑模具可分为_____、_____两大部分。

4. 组装后的模具_____（一定/不一定）就是合格的模具。

5. 成型零件的形状与尺寸精度及_____应符合设计图样要求。

二、问答题

1. 简述注塑模具装配的技术要求。

2. 简述注塑模具装配的工艺过程。

3. 分析图 4-11 所示二次分型注塑模具的结构，写出图中各序号零件的名称，并说明其结构与图 4-7 所示塑料盒、塑料盖注塑模具的区别。

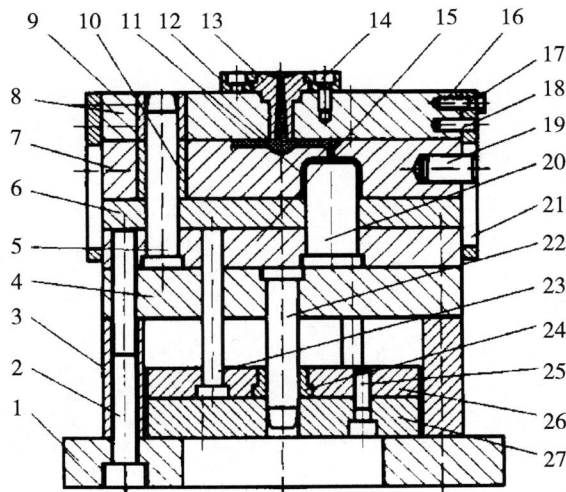

图 4-11　二次分型注塑模具

4. 简述图 4-12 所示方形盒注塑模具零件的装配顺序。

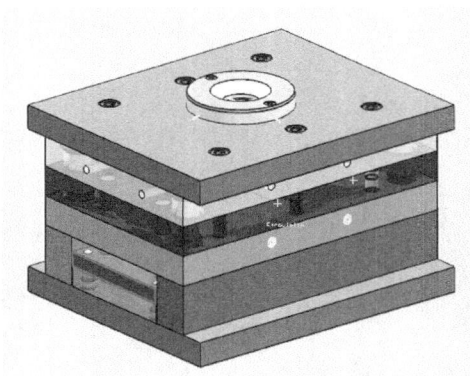

（a）方形盒模具总装　　　　　　　　　　（b）方形盒动模部分

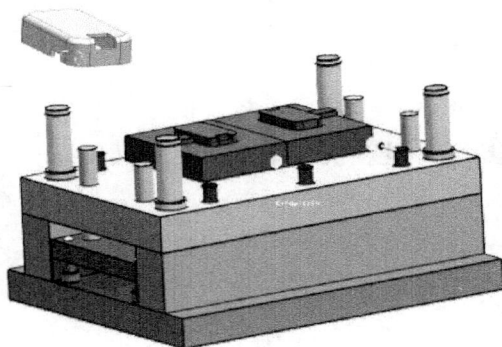

图 4-12　方形盒注塑模具

参考文献

［1］成百辆．冲压工艺与模具结构［M］．北京：电子工业出版社，2010．

［2］卜建新．塑料模具设计［M］．2 版．北京：中国轻工业出版社，2009．

［3］邵守立．模具制造技术［M］．北京：高等教育出版社，2008．

［4］丘立庆，梁庆，邓敏和，等．模具数控电火花线切割工艺分析与操作案例［M］．北京：化学工业出版社，2008．

［5］赵燕，刘光烨．线切割一次成形凹凸模及间隙计算［J］．锻压技术，2007（1）：67-69．

［6］赵孟栋．冷冲模设计［M］．北京：机械工业出版社，2009．

［7］李玉青．特种加工技术［M］．北京：机械工业出版社，2014．

［8］袁根福，祝锡晶．精密与特种加工技术［M］．北京：北京大学出版社，2007．

［9］闫志彩，徐积林．模具零件特种加工［M］．北京：机械工业出版社，2024．

［10］周登攀，李桂芹．塑料成型工艺与模具设计［M］．北京：北京邮电大学出版社，2013．

［11］杨志立，朱红．塑料模具设计［M］．北京：机械工业出版社，2016．

［12］谢建．模具概论［M］．北京：高等教育出版社，2007．